至味家宴
颜雅琴 著
U0312895
江苏凤凰科学技术出版社
凤凰含章

图书在版编目（CIP）数据

至味家宴 / 颜雅琴著. -- 南京 : 江苏凤凰科学技术出版社, 2016.9
ISBN 978-7-5537-6893-9

Ⅰ. ①至… Ⅱ. ①颜… Ⅲ. ①饮食－文化－中国 Ⅳ. ①TS971

中国版本图书馆CIP数据核字(2016)第171963号

至味家宴

著　　者　颜雅琴
责任编辑　倪　敏
责任监制　曹叶平　　方　晨

出版发行　凤凰出版传媒股份有限公司
　　　　　江苏凤凰科学技术出版社
出版社地址　南京市湖南路1号A楼，邮编：210009
出版社网址　http://www.pspress.cn
经　　销　凤凰出版传媒股份有限公司
印　　刷　北京旭丰源印刷技术有限公司

开　　本　718 mm × 1 000 mm　1/16
印　　张　17
字　　数　170 000
版　　次　2016年9月第1版
印　　次　2016年9月第1次印刷

标准书号　ISBN 978-7-5537-6893-9
定　　价　39.80元

序｜飨宴之外的飨宴

我总觉得，“宴”这一字，几乎代表了中国人对于幸福安逸的全部想象。“宀”代表家，“晏”指天色清朗，组合起来就是闲情安居，欢饮作乐。而作为大吃货民族，有天朗气清，有良朋满座，更不能缺少的，自然是满桌美酒美食。

这年头，最富于诚意的接待客人，恐怕就是邀请亲朋来家里吃饭吧。我们身边总有那么一些让你心甘情愿为之付出的人，总有那么一些让你想全方位展示自己优点的人——下厨，自然是最适合付出也最适合展示的技艺之一。只需多费几分心意，多花几许时间，慢慢煲一锅汤，煨一份肉，选一些新鲜脆嫩的蔬菜瓜果，认认真真地计划，仔仔细细地烹调，便能让满堂宾客都体会到你的一腔赤诚。是啊，最宝贵的付出，可不就是为对方付出心意、抛洒时间么？

而宴会中最美好的部分，并不在于食物本身，而在于一起吃饭的人，以及彼此之间的感情。若是没有醇香快意的美酒，流传千古的兰亭佳集想必也少了几许风流；若是没有“烹羊宰牛且为乐”的酣畅淋漓，生平最好宴饮的李太白想必也少了几分豪情。在画卷上醉生梦死了上千年的韩熙载夜宴，奢靡浮华如梦境一般的宴席之上，除了美人歌舞、乐声回荡之外，动人心魄的还有长几上排开层层叠叠的杯盘壶碗。

普通人如你我，自然很难拥有《韩熙载夜宴图》上腰肢细软的舞姬，也难以让每一场宴会上都弥漫着优雅柔美的琵琶横笛，然而，让每一次宴席都宾主尽欢却并不是那么奢靡的事。每个人想必都有过对宴饮美好的回忆，在南国临海曾经共谁持螯啖粥，北方密林里与何人吊锅煮肉；也许你曾在烈风割脸的大漠，同三五知己痛饮马奶酒、就着烤全羊，却还惦记着那一夜烟雨朦胧的江南，红袖添香时的碧螺春茶配青团子……

今人不见古时月，可今月曾经照古人，在杯盏觥筹之间，你也许会恍惚，这细碎如雪片的鱼脍，是不是就曾出现在韦巨源供奉的烧尾宴上，那浓汁赤酱的烧笋，有否经历过苏大学士的赞赏，而在铁板上嗞嗞作响的，同大观园里那块令大家诗兴大发的鹿肉滋味会否相同？

食物之所以令人幸福，是因为它们早已超越了一蔬一饭的本质，在时光流转中被赋予了更重要的意义。它通过味觉指引着每个人的乡愁，更密密地弥漫在整个民族的历史与文化中。我们用得烂熟的典故里，有脍炙人口，也有莼鲈之思，还有望梅止渴的期许。

我们所拥有的，并不光是朝代更迭、帝王将相的回忆，令华夏儿女真正植根在土地上的，是千万人的一炊一煮，弯腰的稻米承载着悠悠千年农耕的重量，层叠的新茶点染着管弦上词曲的空灵。这本书写给你的，不仅仅是做出一桌丰盛而美味的饭菜的步骤和要点，更希望传达食物背后追根溯源的优美意象。那些食材本身，曾经滋养过我们先祖，而其中提炼出来的文化意味则源流至今。

从厨房到餐桌的距离，也许只有两三米，走过去也就五六步，但这一方小小的世界里充盈的香气如此浓郁，那是飨宴了千秋百代的人间烟火。但话说回来，现代社会人人奔忙慌张，越来越快的生活节奏逐渐让人失去慢慢做一桌菜的耐心。为了一桌宾客的言笑晏晏，主人动辄要付出大量气力——光是想到计划菜谱、购买食材、清洗细切、煎炒烹炸，乃至最后收拾盘碗，恐怕都要让许多人丧失信心。为了让大家能更快更好地掌握一席色香味美的宴客菜，我们去掉了那些过于繁复、只有大厨能做到的烹制方法，而是在每篇文章后附的菜谱中只保留了每样菜式最核心而精华的方案，务必让你只需对简单步骤烂熟于心，就能提刀握铲，扮演一名上得厅堂下得厨房、秀外慧中的殷勤主人。

幸福生活，从一蔬一饭开始。

盛大的宴会中，
每个座位都在等待自己固定的主人。
从某种意义上，
人生就犹如这盛宴，不仅是物质的，更是精神的。

目录

第四章

行万里路，识万般味

第五章

味蕾的环球之旅

第六章

舌尖上的“小确幸”

古人云："药食同源"，
药借食力，食助药威，
二者相辅相成。
实居家旅行必备良品。

即使简单如一盘炒饭，
也往往蕴藏着一个地区最古老、最神秘、最感性的文化基因。
正是这种地域文化的差异性，
构成其不同凡响的独特魅力。

来一场“味蕾的环球之旅”吧，
无论是酷烈的“韩风”，还是东南亚的热辣，
统统纳入方寸之地，成为你房间中的一道风景。

天下没有不散的宴席，
让我们抓住这最后的小幸福，
期待更美好的下一次。

第一章
旧时光的滋味

不见了
屋前屋后温暖的草木
春日蓬勃的艾蒿
涂绿一层山川
秋收沉重的稻谷
染黄了墙外的蟋蟀
盘盏丰盈，镌刻在掌心的希冀和光
炊烟宛如手掌
挽住离去的行囊
绊住脚步的，是青苔斑驳一弯石桥
在味道里乡思
便是思乡的味道

素烧烤麸

上海人的童年记忆离不开烤麸的味道，绵糯烤麸里包着的不仅仅是满满的微甜汤汁，更是萦绕着浓油赤酱的上海滩旧时光的滋味。但每次在北方大谈烤麸的美味时，十个听众里面总有八九个露出狐疑神色——那是什么？此时，只需将“烤麸”二字替换成“面筋”，便往往能收获无数恍然大悟的认同感，绝无甜咸豆腐脑争斗之虞。

烤麸与面筋，名字上看着毫无关系，实际上却并无多大区别，都是将面团反复搓洗后或蒸或烤或煮，出现的一份份蜂巢般充满孔洞的柔韧产物。那一个个细小的空隙，便是日后用来吸收香浓汤汁的美味所在。

正是由于擅长吸汁入味，烤麸此物，在实用百搭这一方面，简直能与豆腐比肩。其吸满汤汁、满口留香的质地，也与冻豆腐相差无几，只是口感上更为柔韧耐嚼，多了几分风骨。

也是因为这一份毫无性格的百搭特性，南甜、北咸、东鲜、西辣，不管你宴

梁武帝萧衍（464~549年），字叔达，小字练儿。虽然烤麸是否为梁武帝发明无可考据，但史料上载，确是因他的缘故，中国佛教徒才开始不吃荤只吃素。而在此之前，中国的佛教徒在特定条件下还是可以吃荤的。

请的是来自大江南北的哪一位客人，都能从一盘做法不同的烤麸或面筋中找到满满的归属感。

传说烤麸源自南北朝时期的梁武帝，这位皇帝生性节俭、笃信佛教，不但长期茹素，还曾经亲自跑去寺庙出家，更下令将祭祀神灵的牛羊牺牲改为用面捏成的牛羊模型。烤麸由信佛的梁武帝发明虽然并无史料证据，但后世的僧院名刹，倒是真的多半擅长料理面筋或烤麸——形形色色的素鸡、素肉、素鱼，不少就是由朴素的烤麸加上花样百出的汤汁烹饪而来。

爱吃烤麸的僧人实在太多，其中最有名的，恐怕是北宋时期的著名词僧释仲殊。陆游曾在《老学庵笔记》里回忆仲殊，说他爱吃面筋，但吃法异于常人，喜欢“渍蜜食之”。“渍”也就是腌渍的意思，“渍蜜”多半就是用蜂蜜腌渍面筋后吃。这样的做法不但我们现代人看着像“黑暗料理”，宋朝人也纷纷表示难以接受，以致“客多不能下箸”。唯独苏东坡与他一样嗜甜如命，将蜜渍烤麸吃得津津有味——怪不得二人能成为至交好友，谈诗作赋的文艺情怀，恐怕还没有一碗蜜渍烤麸的友情来得浓郁绵长。

钟爱烤麸的古人远不止仲殊与苏东坡，南宋的吴自牧在《梦粱录》里怀念故都临安过眼云烟般的繁华盛况时，就一口气写了若干种烤麸的吃法，如“鼎煮羊麸、乳水龙麸、五味熬麸、糟酱烧麸、麸笋素羹饭、麸笋丝假肉馒头、笋丝麸儿”等，足见当时的南宋人民已与当代的我们口味相仿，烤麸多半爱以红烧，并

烤麸是用带皮的麦子磨成麦麸面粉，而后在水中搓揉筛洗而分离出来的面筋，经发酵蒸熟制成的。烤麸的口感松软有弹性，富含蛋白质以及钙、磷、铁等微量元素。中医认为，烤麸有和中、解热、益气、止渴的功效。

搭配清新素雅的笋丝或浓墨重彩的糟酱，各具风味。既是情之所钟，难免要为烤麸作诗写情，诗人王炎说它“色泽似乳酪，味胜鸡豚佳。一经细品嚼，清芳甘齿颊。”宋无亦则写得更为直白，“山笋麸筋味何深，箸下宜素又宜荤。黄润光亮喜入眼，浓汁共炙和鸡豚。”不是吃了无数碗浓汁烧就的肉焖烤麸，想必是写不出“黄润光亮喜入眼”这般直抒胸臆的句子吧。

清代大美食家袁枚同样极爱烤麸，并且倾情提供了几个方子，“一法，筋入油锅炙枯，再用鸡汤、蘑菇清煨；一法，不炙，用水泡，切条入浓鸡汁炒之，加冬笋、天花。上盘时宜毛撕，不宜光切。加虾米泡汁，甜酱炒之，甚佳。”一口气包揽了油面筋、水面筋、红烧、清炒等多种做法，还念念不忘地叮嘱了细节——不要把烤麸切得过于规整，用手来撕，更有随兴为之的美感。

烤麸宜荤宜素，宋无亦与袁枚想必更喜荤烧，却也有不少人偏爱素食。《西游记》里唐僧师徒化缘的食钵里常见素烧烤麸，而八戒吊在金角、银角二位大王家的房梁上，心心念念的除了饱肚子的精米细面，也就是“竹笋茶芽、香蕈蘑菇、豆腐面筋”了。《红楼梦》里的晴雯姑娘，也曾特意差遣小丫头小燕去厨房里嘱咐要一碗芦蒿炒面筋，还要“少搁油才好”。为此，厨娘柳嫂子还调侃大观园里的姑娘们，每日细米白饭肥鸡大鸭子吃腻了，这才闹起面筋豆腐酱萝卜的故事来。

现代社会不同古时，普通人也如贾府里的少爷小姐一般，每日里细米白饭肥鸡大鸭子吃得腻歪了，家宴上若能出现一碗素而不淡、柔韧多汁的素烧烤麸，想必更能吸引大家的筷箸呢。

素烧烤麸

材料：

烤麸……6个
姜末……1/2茶匙
胡萝卜片……30片
甜豆夹……8个
黑木耳……2朵
水……100毫升
花生油……适量

调料：

素蚝油……1大匙
盐……1/4茶匙
白糖……1/2茶匙
香油……2茶匙

制法：

1. 将烤麸用手撕成小块，再以160℃的油温将烤麸块炸至表面呈金黄色；甜豆夹洗净，切段；黑木耳洗净，撕成小片。
2. 将炸过的烤麸块放入沸水中煮约30秒，去掉油脂后捞出。
3. 取炒锅，倒入适量花生油，先放入姜末爆香，再加入胡萝卜片、甜豆夹段、黑木耳片、水、烤麸块及所有调料拌炒均匀，最后以小火烧至水分收干即可。

小贴士：

1. 此菜是著名的上海素菜，特点是味甜咸香、鲜美可口。
2. 烤麸在一般超市都有卖。如果买的是干烤麸，做菜前用水泡软就行了。
3. 此菜最后也可以留一些汤汁，这样吃起来会比较入味。

凉拌海蜇丝

从小没有生长在海边，物资匮乏的年代鲜少见到海产，偶尔尝尝，也多是干扁的几段带鱼，或齁咸的几味干货。经过只擅河鲜的妈妈烹饪，味道大多不怎么样，因此在很长一段时间里总觉得海产腥膻，不及鲫鱼、河蚌之味，根本不愿欣赏。

小学的某一天，班上来了个转校生做我的同桌，海边长大的她总是有些我没见过的新鲜零食，或几根微咸的鱿鱼丝，或一条颇经得起咀嚼的小鱼干，成为我们俩藏在课桌里的小秘密。但是她每每流着口水向我介绍家乡美食时，我仍是带有几分不屑的，心道必然只是吹牛皮而已，那海味有什么好吃的？直到第一次去她家写作业到天色将晚，尝到她爸爸用来留客的那一碟凉拌海蜇丝。

这恐怕是海边人家最寻常、最普通，在琳琅满目的海鲜水产之中，是提到美食似乎不会想起的一道小菜，恰恰成就的是我记忆深处最难以忘怀的滋味。作为她转学后交到的第一个好朋友，我成为了座上宾。我至今还能记起那天的情形，一轮又红又亮的太阳挂在阳台的衣钩上，在金色的余晖里，那一碟海蜇丝闪闪发亮，随着端菜人的步履轻微颤动着，充满胶质半透明地隐在翠绿香菜与葱花后面，还没拾起筷子已经被一股酸香勾出了口水。

见我食指大动，小伙伴面有得色，我连忙收敛起贪婪的眼神，狐疑地尝了一口，酸辣、咸鲜，在初夏的空气里冰凉得恰到好处。从此之后我才明白，原来海的味道并不腥，是清新而鲜甜的。柔软而带有韧性的口感，一口咬下去大半是水的滋味，这食物的美味和奇妙超出了我当时的认知范围，以至于吃到最后，还不能确定它究竟是动物还是植物，扭扭捏捏地求教，她的家人爆发出一阵爽朗笑

← 制为成品的海蜇皮。一般来说，海蜇皮越陈质量越好，质感又脆又嫩。

↓海蜇，俗称水母，是一种腔肠软体动物，体形呈半球状。海蜇的上部呈伞状，白色，被称为海蜇皮；下部有八条口腕，其下有丝状物，呈灰红色，是为海蜇头。海蜇不仅可食用，还可入药。中国是最早食用海蜇的国家，晋代张华所著的《博物志》中就有食用海蜇的记载。

声，我才知道原来这近乎透明的东西就是曾在画片上见过的水母。

海蜇本身有毒，甚至可以致命，却不妨碍它成为人们的案头珍馐。他们如数家珍地告诉我海蜇的加工过程，先要用海水泡上一阵，用手撸下表面的浮污，再用盐、矾再三加工，才成为可以用来凉拌的海蜇。做出来的干海蜇不复原来的透明模样，而是有些红褐色或黄色，犹如琥珀。待吃之前，用清水泡上一夜，将其发开，便很容易入口。蜇头与蜇丝口感略有不同，一个爽脆，一个软韧，各有千秋。

旧时人们将海蜇称为“海姹”，一个“姹”字，倒是鲜明地道出了它的妍丽。清代的医书《归砚录》记载，“海姹”是一种“妙药”，可以宣气化淤、消痰行食，被沿海地方的郎中用来治疗哮喘和便秘。

只要离海不远的地方，都会常食凉拌海蜇，将干海蜇泡发切成细丝，焯水之后加料凉拌，绝不会逃开一味“醋”。海蜇与醋这两样东西是天然绝配，陈醋的浓香淡化了那一丝海腥味儿，又让海蜇爽朗的口感更加突出，有经验的厨子更会告诉你，若是不放醋，这海蜇很快就会坏掉，失去鲜味。其余的调料则没有陈规，家家都有自己的“秘制”方式，咸淡自知，每个人也都有属于自己的偏好。若你口淡，则加少许盐与鸡精，或者干脆只撒上些许香菜末和葱花，便是原汁原味；如果口重，可加蚝油，可用蒜汁儿，腐乳汤甚至豆瓣酱亦可与海蜇同在，嗜辣的人还可以添上一大勺香辣酱——这是我每次宴请四川朋友时的秘密武器，这道凉菜一上桌，基本上无人不爱。

长大以后很长一段时间我与那位同桌失去联络，但这道凉拌海蜇丝却成为了心头好，宴请过形形色色的客人。直到一次同学聚会再次相遇，至分手时我忍不住向她讨教海蜇丝的做法，为何总是得不到记忆中的那种香浓。她哈哈大笑，原来她虽长在海边，但母亲却是土生土长的川妹子，那凉拌海蜇丝里最终的提味，靠的就是妈妈每周末悉心熬就的一勺油泼辣子。童年时梳着马尾辫的她给我看了手机里孩子的照片，许诺若我去她的城市，必然在家宴中为我做那道凉拌海蜇丝。我似乎嗅到了那一阵醋香，鼻腔里有些发酸，也许最珍重的，其实是旧时光里越来越陈的回忆与情谊。

凉拌海蜇丝

材料：

海蜇丝……300克

小黄瓜……1根

胡萝卜……50克

调料：

盐……1茶匙

白糖……1茶匙

陈醋……1.5茶匙

香油……1大匙

制法：

1. 将海蜇丝冲水约1个小时，洗去异味后沥干。
2. 在沸水中倒入1碗冷开水令水降温后，放入海蜇丝，稍微焯烫后迅速捞出，冲水30分钟后沥干，备用。
3. 小黄瓜洗净，去蒂头，切丝，冲水沥干；胡萝卜洗净，削皮，切丝，冲水沥干。
4. 将所有材料与调料拌匀即可。

小贴士：

买回来的干燥海蜇皮必须先冲水，冲水的目的在于去除海蜇皮特有的腥味，口感也更好，可以使整道菜增色加分。

梅菜扣肉

近年来听过最感动我的一首情歌，歌词是这样写的：“风吹柳絮，茫茫难聚，随着风吹，飘来飘去。我若能够共你停下去……我愿像一块扣肉，我愿像一块扣肉，我愿像一块扣肉，扣住你梅菜扣住你手。”与梅菜扣肉相比，比翼鸟连理枝也罢，愿我如星君如月也罢，玲珑骰子安红豆也罢，统统成了高冷淡薄的镜花水月，飘飘摇摇不着实地。哪里有比扣肉对梅菜更真实的告白呢？层层叠叠的梅菜被扣肉的油脂浸润，甜香酥融之间销魂至极，真正是缠绵悱恻，天作之合。

扣肉这道极富特色的经典菜肴，许多地方都把它看作是自己的专属风味，天南海北各自当仁不让，将其纳入地方食谱。扣肉所扣的东西各不相同，而共通之处是无论哪里的扣肉，都必须选用上好的五花肉。

五花肉，恐怕是形形色色的肉类中最为香艳的一部分，白肥红瘦、脂油香滑，生时泾渭分明、紧密相依，熟了之后却水乳交融、分外柔媚。将五花肉白水煮、上色炸、扣碗蒸三道手续后上桌，是至为常见的扣肉法门。除此之外，各地

五花肉，又称肋条肉、三层肉，位于猪的腹部。猪腹部的脂肪很多，其中又夹带着肌肉组织，其结构是一层瘦肉一层肥肉间隔着，故称“五花肉”。五花肉的肥肉部分遇热易化，而瘦肉部分久煮也不柴，所以做红烧肉或扣肉都非它莫属。右上图是标准的五花肉，左上图则是以五花肉为原料制成的腊肉。

炮制扣肉的做法形形色色，各有千秋。喜庆而乡土的扣肉做法甚至比文人百般歌颂的东坡肉更为繁杂，从川西到江南，从两湖到两广，每位在厨房里打转半生的老阿姨、老爷叔，都能讲出自己做扣肉的独门诀窍。

广西芋头扣肉是用大片肥猪肉夹芋泥蒸，汪曾祺评论说“极甜，极好吃”。四川人也爱吃甜版扣肉，只换了个名字叫“甜烧白”，是将大片五花肉夹上豆沙蒸，再扣以绵密的糯米饭，肥肉的“润”与豆沙的“绵”相得益彰，甜香直击天灵盖，若不是热量与胆固醇一直在旁虎视眈眈，吃完一整盘还能再战几个回合。

更常见的自然是咸版扣肉。与肉同扣的笋干、梅菜、豆豉、芽菜，味道各不相同，但都是素食，只有在这般蒸汽汹涌下肉与菜才能互相借味融合，成就一盘惊世绝恋。广东人与湖南人爱吃虎皮扣肉，其将整块五花肉过水后再过油，炸至肉皮起泡，再以冷水下锅，将肉皮煮到起皱，豪迈地切成大块厚片，再上蒸锅，水汽氤氲至软烂。其中，广东人爱夹以香芋，湖南人爱遍撒豆豉，前者偏于甜糯，后者异香扑鼻，但都是厚重绵远，香气袭人。四川人做“咸烧白”，要用宜宾芽菜蒸，将肥嫩的五花肉切成大薄片，夹着脆中带嫩的芽菜，一口下去，汁液迸出，咸鲜之外又有甜美余味，能下好几碗饭。江浙厨子则将五花肉切得更为细腻婉约，片成千层薄片，辅以清润笋干，口味温柔含蓄，清淡自持。

中国做扣肉者多矣，形形色色，各尽其妙，但论到其味圆满，终究欠梅菜扣肉一分——那一分，就好在梅菜本身。梅菜，堪称是我国腌晒工艺的集大成者，新鲜的梅菜经晾晒、精选、飘盐等多道工序后，反倒激发出远胜于新鲜爽脆时的美妙滋味。它一则干酥松脆，哪怕与扣肉一同被蒸得皮酥骨化，也仍有一丝韧劲，不至过于软烂；二则味道醇厚，借了肥甘脂膏，既馥郁香甜销魂至极，又不会丢失掉原本专属于自己的鲜香浓郁。再加上红润的、颤颤巍巍的五花肉铺平于黑色酥松的梅菜上，别有一种香艳而戏剧化的视觉搭配，端的诱人至极。

许是正为了这一种隆重喜庆的视觉效果，以及甜香酥融的销魂味觉，小时候的每个春节，外婆都会泡上一盆梅菜，选上一块最好的五花肉，端上极大一锅梅菜扣肉放在年夜饭的饭桌中间。现在回想那掀开倒扣其上的大碗时，喷薄而出的香气，竟只堪用“惊心动魄”四字来形容。

长大后离家千里，平日里思极外婆那一桌年夜饭的踏实香气，也曾尽心尽力地为朋友们端出精心炮制的梅菜扣肉，却始终少了那一份极厚润天然的美味。我问外婆如何把火候掌握得这般恰到好处，如何把汤汁弄得多一分则稀薄少一分则黏腻，她都说不出所以然，也没加什么特殊的配料。想来恐怕只能归结于岁月练就的饮膳绝技，当我还在一招一式地看着武学秘笈照猫画虎，她却早已无招胜有招、万般变化存乎一心。

要成就一碗宗师级的梅菜扣肉，外婆微微一笑，说：“唯手熟尔。”

梅菜扣肉

材料：

A：

五花肉……500克

梅菜……250克

香菜叶……适量

食用油……适量

B：

蒜碎……5克

姜碎……5克

辣椒碎……5克

调料：

A：

鸡精……1/2小匙

白糖……1小匙

料酒……2大匙

B：

酱油……2大匙

制法：

1. 将梅菜用水泡约5分钟后，洗净切小段。
2. 热锅，倒入适量食用油，爆香材料B，放入梅菜段翻炒，并加入调料A炒匀盛出。
3. 将五花肉洗净切片，放入沸水中焯烫约20分钟，取出待凉后切片，再用酱油拌匀腌约5分钟，随后放入锅中炒香。
4. 取扣碗，排入五花肉片，再放上梅菜，放入蒸笼蒸 2 小时，取出倒扣于盘中，加适量香菜叶即可。

砂锅鱼头

我国食鱼的传统可以追溯到上古时代，如殷商时代的人们就已经开始围网养鱼，春秋时更有民谣言“洛鲤伊鲂，贵于牛羊”，可见当时的人们对鱼的喜爱。除了食用之外，作为一种贵重食材的鱼也常常用以宗祠祭祀和馈赠亲友。孔子的儿子诞生时，当时的鲁伯便赐给他一条鲤鱼，孔子由此给儿子取名“孔鲤”，字“伯鱼”。

长江中下游平原水网密布，家家主妇都烧得一手好鱼，或煎或炸，或蒸或煮，林林总总各具风味。淡水鱼清淡甘美，比起海鱼有更多的烹饪手法，砂锅鱼头就是其中颇具盛名的一味。说到砂锅鱼头，就必说到此菜的主料——鱼头。此鱼头不是别的，必是鳙鱼头。作为四大家鱼之一的鳙鱼，以细腻的肉质博得人们的青睐，其别名“胖头鱼”更是道出了特质，鳙鱼全身最为鲜美的部分，自是那颗大好头颅。

鱼与“余”同音，逢年过节尤为吉庆祥瑞，取“年年有余”之意，因此江浙

四大家鱼

我国在唐代以前，食用鲤鱼最为广泛，但因为唐皇室姓李，所以鲤鱼的养殖、捕捞和销售均被禁止。人们只得食用和养殖其他品种的鱼类，这才产生了所谓的四大家鱼，即青鱼、草鱼、鳙鱼和鲢鱼。

青鱼：又叫黑鲩，其全身的鳞片和鱼鳍都带有灰黑色，主要分布于我国长江以南的平原地区。

草鱼：又称草鲩，身体长而“秀气”，体色为青黄色，腹部略显白色，鳞片大而粗。

鲢鱼：又叫白鲢，体形侧扁，呈纺锤形，背部青灰色，两侧及腹部白色。

鳙鱼：俗称“胖头鱼”，身体有点像鲢鱼，但头比鲢鱼要大得多，背部暗黑色，鳞片细而小。

一带的家庭宴客，往往爱以砂锅鱼头作为主菜，再配上几味当地小炒，便是一顿宾主尽欢的美餐。这道鱼头不仅仅是家常菜谱，也正儿八经是作为招待四方来宾的高级宴客佳肴，而江苏溧阳天目湖的砂锅鱼头，似乎已经成为当地人们心目中的“正宗”。但凡你亲往天目湖，当地人一定会津津乐道地推荐一番，让你尝一尝这里的“有机鱼头”。那些大个头的鱼儿都生活在天然画卷之中，环境自然是天然无污染，且整日悠游自得、陶冶心性，想必与听音乐长大的“和牛”有着异曲同工之妙。现在很多人慕名前往天目湖一游，来到淼淼波涛的山水之间，古木葱茏的掩映之下，除了想逃离都市呼吸山野间的新鲜空气之外，最大的目的就是为了品一品这道佳肴。

鱼头自是美味，而质地绵密的砂锅，正好是熬汤最为讲究的搭档。这种被国人使用了几千年的容器加热容易，散热缓慢，烧开之后盖上盖子，食材与汤汁“耳鬓斯磨”，直至食材软烂、汤汁浓厚，相比其他任何容器煮食的汤水更添绵密。此外，用砂锅烹煮鱼头，还能在使汤水乳白的同时最大限度地保留鱼肉的鲜嫩。

将大颗鳙鱼头用盐稍微腌制一阵，再下锅以中火煎成两面金黄，用料酒或姜、蒜祛除腥味，盛入大砂锅之中，加水没过鱼头以大火烧开，再以小火慢炖。最为绝妙的部分当是在砂锅离火之后，仍然可以保持很长时间的高温，因此即使将鱼头端上桌，汤汁仍可沸腾良久。雪白如绵的汤汁“缘边如涌珠连泉”，热气将腾腾的鲜味源源不断地送到人们身边，葱段碧绿，姜片鲜黄，再加上犹如白玉板一般的豆腐块，在其中若隐若现的鱼头已经勾人遐思。用豆腐搭配鱼头是传统，但也可以用冬笋、莴苣和香菇；荤菜与鱼头亦十分协调，如南京地方喜好加入炸得金黄的皮肚，浙江一带则爱添几片鲜味逼人的火腿，鱼汤因而变得更为层次丰富。其余如盐、味精、生抽、胡椒粉等，就各家有各家的做法了，调味全凭妙手，也因此成为不少游子心目中童年的味道。

和鱼身的大块肉相比，鱼头虽然结构复杂，吃起来相当麻烦，反倒因此成就

传统砂锅是由石英、长石和粘土等不易传热的原料配在一起，并经高温烧制而成的，具有通气性、吸附性、传热均匀、散热慢等特点。其实，中西餐都有使用砂锅做菜的传统，左图为中餐的砂锅菜花，右图则为匈牙利砂锅牛肉汤。

了更多的美味，如讲究吃法的人，都由胶质丰富的鱼唇开始逐渐往后品味。鱼头最精华的部分当数喉与腮之间的那块“核桃肉”，软嫩滑口，带着天然的甜味而毫无腥膻，总是被奉与席间最尊贵的客人。富含胶原蛋白的鱼唇、鱼脸绝对令人难以割舍；鱼眼也拥有不少的拥趸，认为吃它“以形补形”，有明目之效；润滑的鱼腩则以其丰富的油脂带来独树一帜的口感，不仅润肠，还能补脑。

不饱和脂肪酸与卵磷脂已经成为保健品里大名鼎鼎的成员，实际上从日常食物里就可以轻松摄取。掰开鱼头，内里盈盈满满的白色半透明鱼脑就富含以上两种物质，似固体又似乎可以流动，口感柔嫩，吃起来犹如豆腐脑，入口即化。将以上林林总总悉数食尽，鱼骨之间连接处的脆骨、肌腱亦是美味，浸透汤汁，细嚼之下其乐无穷。

饱啖鱼肉之后，再盛上一碗鲜美的浓汤，喝下去整个人都暖洋洋的，再捡几箸鱼肉，嘬一回鱼骨，宾主尽欢，其乐融融。

砂锅鱼头

材料：

鳙鱼头……………………………1/2个
板豆腐……………………………1块
芋头………………………………200克
包心白菜…………………………1棵
葱段………………………………30克
姜片………………………………10克
蛤蜊………………………………8个
豆腐角……………………………10个
黑木耳片…………………………30克
水…………………………………1000毫升

腌料：

盐…………………………………1茶匙
白糖………………………………1/2茶匙
淀粉………………………………3大匙
鸡蛋………………………………1个
胡椒粉……………………………1/2茶匙
香油………………………………1/2茶匙

调料：

盐…………………………………1/2茶匙
蚝油………………………………1大匙

制法：

1. 将腌料混合拌匀，均匀地涂在鳙鱼头上；随后将鳙鱼头放入油锅中，炸至表面呈金黄色后捞出，沥油。
2. 将芋头去皮，洗净，切长方块；蛤蜊吐沙洗净。
3. 将板豆腐和芋头分别放入油锅中，以小火炸至表面呈金黄色后，捞出沥油。
4. 将包心白菜洗净，切成大片后放入沸水中焯烫，再捞起沥干放入砂锅底部。
5. 砂锅中依序放入鳙鱼头、葱段、姜片、豆腐角、黑木耳片、炸过的芋头块和板豆腐，再加入水和所有调料，煮约12分钟，续加入蛤蜊煮至开壳即可。

咸酥溪虾

小时候蹭到外婆家，最大的动力就是因为“馋”，后来越长大，走得越远，那记忆深处的滋味便成了牵扯在身后的风筝线，永远也扯不断，终究能将我拉回到童年的午后或深夜。

并不富裕的生活赋予人们简单质朴的食材，到了外婆那间光线不足昏昏然的厨房里，总能完成魔力十足的蜕变，一个煨红薯，一把地瓜干，几块南瓜饼，即使只是一把炒米，也金黄喷香得让人想把 5 根手指头来回舔。

夏天是物产最丰富的季节，也是外婆家的美味最诱人之时。在那些烈日灼人的日子里，总会突然有那么一天，外公会从不知道什么地方找出只“罾子”放在门口。对于小小的我而言，这不啻一张嘉年华的邀请函，一整个下午，我便会趴在窗口无比热切地盼望傍晚来临。在乡间，那是一种家家都有，专门用来捕捞小虾小鱼的工具，用木头做成方形的框架，再用绿色的纱窗布牢牢钉死，开口小，肚子大，虽然颇有些沉，时间一到，我总会抢在手上，蹦跳着冲往溪渠的方向。

罾子有大小之分，分别为提罾和板罾等。提罾挑着用，小巧方便，多用于逮河虾小鱼之类；板罾大，是靠杠杆儿的原理制作使用的正方形网，待鱼不知不觉进入罾的范围之内后，搬罾的人得迅速起罾，才能得鱼于水中。图中所示即为板罾。

只要放上一团剩饭，再将它沉在水里，鱼虾逐香而来，能入而不能出，不一会儿便能从里面收获满满的美味。

小时候只知其音，不知道这个字的写法，四邻也没有人知晓，直到中学时读到《史记》中“陈涉世家”一篇写到，“乃丹书帛曰‘陈胜王’，置人所罾鱼腹中”，才恍然——原来这个字是渔网之意，不就是儿时常用的“罾子”之名么？再后来，见到《湘夫人》里优美的吟唱：“鸟何萃兮苹中，罾何为兮木上？”那潇湘大地密密匝匝的水网中，几千年来人们用着同样一件古老的工具，仿如一首悠悠辗转的渔歌流传至今。

傍晚入溪捕虾成了暑假约定俗成的功课，当时的水还是清澈，映着傍晚的一片霞，夹在远山和田埂之间，闪着粼粼的金光。直到很多年后，在我心目中“流淌着奶与蜜”的黄金时代都还是这样的场景，逐渐褪去炎热的风里夹杂着某家人呛辣椒或熬猪油的香味。

那条水道虽然被称作“溪”，却也快齐到小孩的腰，和大人们一起放下罾子之后，孩子们迫不及待地扑进水里嬉闹，彩色的游鱼如网，下覆着柔软的水草，挠得脚板痒痒的，连带着心也痒痒的。那时候的鱼虾多到几乎不需要“捕捞”，孩子们泡进水里，它们便好似小精灵一般环绕在他们身侧，有时候虾子们会弓起透明的身体，“噌”地一下弹得老高，冲向某个人的身体，擦在身上痒痒的，又有点儿刺痛，总能引发一阵哗然的“哈哈哈”。

这时候，人群中敏捷的小孩就成了焦点，他们可以瞄准半空中的虾米，伸手

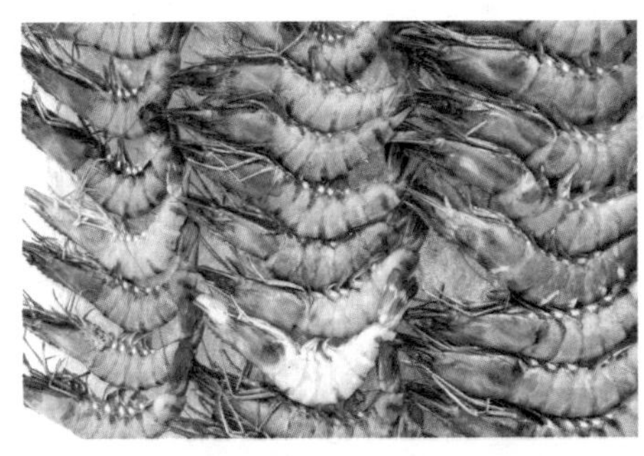

中国南方地区溪流中生长的虾类很杂，一般来说，主要是青虾和草虾等，图中所示即为草虾。草虾又名黑壳虾，具有生长快、食性杂、个体大、肉味鲜美、营养丰富等特点。

一捞就是一个准，兀自欣喜的时候，却没料到那虾又滑又活泼，倏忽一下又跳回水中去，来来回回乐此不疲地斗智斗勇，直到田埂上响起了主妇们吆喝回家吃饭的声音。

此时太阳已经下山，水淋淋的孩子提起水淋淋的罾子，听着小虾们在网中蹦跳的响动，一瞬间就饿得腹鸣如鼓。我狂奔着将战利品送给外婆，然后便站在厨房门口怦然心动地等着今晚的加菜。

溪虾用清水稍微淘洗沥干，一勺热油浇在铁锅里，等油温升高之后滋滋地咬着锅，便将虾子们朝锅中一倒，此时定有仪式化的“嗤啦”一声巨响，蒸腾到半空的油烟化成扑面而来的鲜香——那是溪虾的滋味被热油一激，一瞬间充满了整个房间。青灰色半透明的虾似乎一下锅就变成弯弯的一抹胭脂红，稍等片刻，虾皮已经被炸得起了酥，沥干之后，与香葱大蒜干辣椒一同爆炒，如果回家的路上恰好薅了一把野韭菜，此时也正好切成碎末下锅，那滋味儿呛得人鼻子发酸，躲在厨房门后的我必然会打上好几个大喷嚏。

等到溪虾端上桌，必然成为全家人的焦点，鲜香爽辣的口感与米饭是绝配，酥脆的虾皮裹挟着柔嫩虾肉令人难以抗拒。加上在小溪中耗费了过剩的精力，每每这时，都要比平常多吃上一大碗米饭，直到肚皮圆溜溜得凸出来，外婆便会用筷子打落我再欲盛饭的手，笑眯眯道：“有吃有余。”那种恋恋不舍的感觉，便将留待下一顿的期待放到更大，也更隽永。

咸酥溪虾

材料：

溪虾……300克
葱……2根
红辣椒……1个
食用油……适量
大蒜……5瓣

调料：

盐……1/2茶匙
鸡精……1/2茶匙

制法：

1. 将溪虾洗净沥干，用厨房纸巾略擦干水分；葱洗净，切花；红辣椒、大蒜均洗净，切碎备用。
2. 取锅，放入食用油烧热至约180℃时，放入溪虾炸约30秒至表皮酥脆即起锅，沥干。
3. 另外热锅，加入少许食用油，以小火爆香葱花、蒜碎、红辣椒碎，放入溪虾和所有调料，以大火快速翻炒至匀即可。

小贴士：

炸虾时，火要旺，食用油要够（油量约是溪虾的3倍），炸出来的虾壳才会酥脆，一咬就碎。

荷叶蒸排骨

我生在“制芰荷以为衣，集芙蓉以为裳”的楚地，自小就习惯了房前屋后到处有溪流小池的环境，而但凡有干净水面的所在，难保就会从这里或那里长出几支荷叶来。

在特别繁盛的水域，荷花生得错错落落，非得拨开茂密如盖的荷叶才能瞧见碧清水面。若是遇着古代文人骚客，难免要吟咏几句“桂楫兰桡浮碧水，江花玉面两相似”“荷叶罗裙一色裁，芙蓉向脸两边开”一类漂亮的诗句。俗人如我，看着亭亭净植的荷花荷叶，想到的却全是香远益清的莲子羹、莲子粥、清炒藕片、醋熘藕片、糯米糖藕、酥炸藕合……

想来认为荷“可远观而不可亵玩”的清雅之人唯有周敦颐，看着满池秀色却一直盘算着“能吃吗？好吃吗？怎么吃？”三大哲学问题的俗人却自古有之。勤劳、勇敢、智慧的中国人民除了把好吃的莲子和莲藕吃出了万般花样，连不能直接入口的荷花荷叶也不能幸免，毕竟与其留得残荷听雨声，倒不如趁它还繁茂田

荷叶，古称芙蓉、菡萏、芙蕖，是睡莲科植物莲的叶。据考证，中国早在3000多年前就已经开始栽培这种植物了。现如今，湖南、福建、江苏、浙江等南方各地均有大面积种植。

田的时候摘了入菜来得妥帖实在。

宋人林洪在他的吃货心得《山家清供》中就津津有味地写了一系列以荷花入馔的菜肴。一道“雪霞羹”名实俱美，是将荷花瓣略一焯水后与豆腐同煮，红白交错，“恍如雪霁之霞”。另一道“莲房鱼包”则接地气得多，将荷花中鲜嫩花房去须，截底剜穰，再将美酒、香料和鱼块装入其内，一并蒸熟装盘即可。雪霞羹美则美矣，但看上去过于简淡清冷，究竟不符合我这样庸俗热闹的审美观。我倒是亲手试做过莲房鱼包，成品鲜香扑鼻，又带有一丝芙蓉清味，花、酒、鲜鱼融而为一，简直有股动人的诗意。只可惜这道菜必须用新鲜荷花并新鲜鱼肉，现代人多半囿于城市高楼，这般简单原料也并非随手可得。若是有幸能得新鲜荷花，除了拿来蒸鱼煮汤，还能将之泡酒。明代诗人梁纲就曾写道：“共君曾到美人家，池有凉亭荷有花。折取碧筒一以酌，争如天上醉流霞。”荷花、醇酒、美

以荷入馔

自古以来，中国乃至东南亚等盛产莲的国家都有以荷叶或荷花入馔的传统，并产生了很多名菜佳肴。

图中所示为粤菜系传统名点——荷叶包饭，这是一种用荷叶包裹着米饭蒸熟而食的食品。明末清初人屈大均曾在《广东新语》中记载："东莞以香粳杂鱼肉诸味，包荷叶蒸之，在里香透，名曰荷叶饭。"并赞其选料精致、风味诱人、品味兼优。

图中为一种泰式美食，与中国的荷叶包饭有异曲同工之妙。

人、流霞，确是最风雅不过的配搭。

荷花清丽动人，但更常入馔的却是容貌上沦为陪衬的荷叶。唐代大诗人柳宗元就曾写过柳州的“绿荷包饭”，如今的柳州是否还有绿荷包饭我不能确知，倒是真的在广州曾经吃过这一道穿越千年而来的美食。此菜的馅料有烧鸭、鲜虾、叉烧、蟹肉、鸡蛋、蘑菇等，万般花样熨帖在一份热意融融的米饭里，解开荷叶的那一瞬间我险些被这扑鼻香气迎面击倒。与之相比，日式小馆里的蛋包饭顿时显得简单粗暴了许多，而少了几分清雅蕴藉。

又有一种别具风情的荷叶粥做法，采一张比锅略大的新鲜荷叶，洗净后当作锅盖盖在粥米之上，云雾蒸腾、水滚米融之后，荷叶的清香全渗透进了绿意盈盈的粥里。这样的一碗粥下肚，回味悠长不说，还最是清热消暑。

荷叶饭、荷叶粥固然动人，毕竟仍是纯粹的主食，要想做一桌宾主尽欢的宴席，自然还是少不了大盘小碟的美味菜肴。这时候，我们需要的就是一盘丰腴鲜美的荷叶蒸排骨了。这道菜非常正式，做法却十分简单，只需用荷叶牢牢包裹腌好的猪小排和调料，上锅蒸制25分钟即可。在这25分钟里，手脚麻利的你还能同时烹饪好三四道菜，一起摆盘上桌！

值得注意的是，荷叶蒸排骨不适宜用过于华丽的餐盘，最好使用朴拙大气的青瓷、白瓷大盘，如此才能衬托出荷叶的不蔓不枝、简洁雅致。我外婆从来都是用质朴的青竹方蒸笼直接端上桌，衬上蒸熟之后枯黄色毫不起眼的荷叶，才能在解开叶片的那一瞬间，用浓郁又清新的香气惊艳满桌食客。

却原来，荷叶虽已枯黄皱褶，但清香风骨早已浸入食物之中，原本失于粗犷腥气的排骨经过荷叶的层层包裹与浸染，已是脱胎换骨绝非俗流了，足够令人对它的鲜醇滋味和甘美清香一并念念不忘。

同时，荷叶不但清香诱人，还具有开胃消食、降脂减肥、清泻解热的作用，这样一道药食双补的美味，不论你宴请的是注重身材的女士还是心系健康的长辈，都能让他们暂时忘记猪肉对脂肪、血压、血脂的不良影响，尽情地投入到清爽滑嫩的美食中来。

荷叶蒸排骨

材料：

猪小排……300克
荷叶……1张
酸菜……150克
红辣椒……1个
葱花……适量
蒸肉粉……1包(小)

调料：

白糖……1小匙
酱油……1大匙
料酒……1大匙
香油……1小匙

制法：

1. 将猪小排以活水冲泡约3分钟，斩块备用；荷叶洗净，放入沸水中烫软捞出，刷洗干净后擦干。
2. 将猪小排加入所有调料及蒸肉粉拌匀腌制约5分钟；将酸菜洗净，浸泡冷水约10分钟后切丝。
3. 将红辣椒洗净，切片备用。
4. 将荷叶铺平，放入一半猪小排后，放上酸菜丝，再放上剩余的猪小排，将荷叶包好后，放入蒸笼蒸约25分钟取出，撒上葱花和红辣椒片即可。

豆豉苦瓜

儿时每到夏日，妈妈便总爱做一碗苦瓜，有时清炒，有时氽汤，有时和剁碎的猪肉泥同蒸，每到此时我便磨磨蹭蹭不想上桌，或是偷偷瞅个空，把那个菜推到离我最远的角落去。等到大家开餐，我便自作聪明地解释："不是我不喜欢吃苦瓜，是夹不到！"然后爸爸就会带着笑，将那只碗重新放回桌子中央："那我帮帮你吧。"

可能每个小孩都有过和苦瓜斗智斗勇的经历吧！这家伙外表癞痢，内心多籽，味道更是堪称清奇，爱它的人觉得千般好，尤其大人们觉得酷暑天气人燥热，吃苦瓜清凉下火，并且声明——你细细品，苦味之后会泛起一丝清甜。不喜之人如当年的我，总是掩面避之不及，闭着眼睛塞一块进嘴里，胡乱嚼个两口立刻狠命直脖地囫囵吞下，恨不得再灌上一碗温水漱口。

现在想想，对苦瓜的憎恶不应是偏见，而是孩童对苦味本能的排斥。改变我对苦瓜刻板印象的，仍然是家里的大厨——外婆。那时甫上中学，看了几本闲

苦瓜原产于印度，后传入中国。明代早期的著作《救荒本草》中已有对苦瓜的记载，后明末徐光启的《农政全书》里提到南方人甚食苦瓜，说明当时在中国南方已普遍栽培苦瓜。

书，立刻端出一副伤春悲秋的模样：今天看见兰波说“生活在别处”，就一心想要去流浪；第二日又发现海子言“远方除了遥远一无所有”，顿觉无所适从。到了暑假，就只好在“远方”和“小家”之间折中一下，去了外婆家。时值夏天，外婆家院子里爬架的苦瓜已经结了不少，碧绿的叶片密匝匝地洒下一大片阴影。我被指使着搭个小板凳去摘，见我犹犹豫豫的样子，外婆笑着说：“你好久没来，是个小客人，我们来做点儿不一样的。”虽然这么听着，但我还是嘴硬道：“要吃你们吃，我是不吃的。”

厨房里油烟腾起的时候，我一时好奇心起，便溜过去看，只见外婆打开了那只常年放在灶台底下的青花瓷坛，从里面舀出一勺黑乎乎的东西，朝热油里一滚，随后锅铲上下滑动，扑鼻的便是一股难以形容的异香。不多时，锅里又加入了已经煎成微黄的肥厚苦瓜片，几秒之内调味、提鲜、关火，我还没来得及收起挂在嘴边的哈喇子，外婆已经把那盘菜凑到我鼻尖：“小馋猫，开饭啦！”

虽然放话不吃苦瓜，但夹杂在苦瓜之间的黑色小颗粒仿佛变魔术一般，奇特的香味一直勾着我肚子里的馋虫。憋了好一阵子，终于忍不住了，心道没有苦涩的青春那还是青春么，今儿我就来尝一尝这苦瓜！夹上一片入口，滋味竟然和记忆中的苦瓜完全不同，其肉质柔软，滋味温和之中略微有一丝苦意，但更多的是分外突出的咸鲜。只一口，我已经辨认出那神秘小黑豆便是家乡菜中常用的调味料——豆豉。

豆豉这种看起来极不起眼，甚至有些难看的调料已经被汉族人广泛运用了近2000年之久。将黄豆或黑豆蒸熟，放置在温暖的房间里，用米曲霉菌令其发酵，再用盐、酒之类调味，或令其干燥，经时间酝酿而成。有人说楚辞里的“大苦咸酸”是文字对它的最早记载，到了汉代，《史记》中已经明确写到了此物。

全国各地制作豆豉的方法大同小异，其中江西便是豆豉传统产地之一，当地有名的诗人杨万里就是个豆豉爱好者。他做官之后，曾有一位同乡求见于他，此人常常以读书多而倨傲，杨万里于是说道：“闻公自江西来，配盐幽菽欲求少许。”同乡登时懵懂，惭愧求教什么是“配盐幽菽”，并且承认“某读书不多，实不知为何物”。杨万里此时才哈哈一笑，拿出一本《礼部韵略》，翻到“豉”字示之，上面注云：“配盐幽菽也。”令人惭愧而返，吃货的小聪明倒是挫了挫对方的傲气。“菽”就是五谷之中的大豆，明朝人杨慎在《丹铅杂录·解字之妙》里解释：“盖豉本豆也，以盐配之，幽闭於瓮盎中所成，故曰幽菽。”

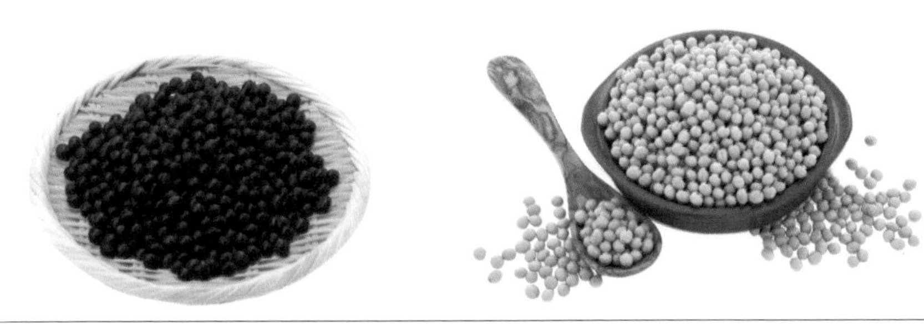

豆豉，按加工原料可分为黑豆豉和黄豆豉，按口味则可分为咸豆豉和淡豆豉。古人将豆豉称为“幽菽”，也称为“嗜”。汉朝人刘熙在《释名·释饮食》一书中，誉豆豉为“五味调和，需之而成”。古人不但将豆豉用于调味，而且用于入药，对它极为看重。图中为豆豉的原料——黑豆和黄豆。

因为微生物的发酵和时间的沉淀让大豆散发出原本没有的浓香，再隐于微末，甫一出山就大放异彩，豆豉这种腌制食物的厚积薄发倒也很符合中国人的处世哲学。而苦瓜先苦后甘、清热败火，无论与何物搭配都不会将苦味传与他人，所以被誉为“有君子之德”的“君子菜”。让我万万没料到的是，将这两种我本来很不感兴趣的东西放在一起，能形成如此浑然天成的美味，于是成为记忆里“外婆宴客菜”中最为清新的一道。

豆豉苦瓜

材料：

苦瓜……………………………1根
嫩姜丝…………………………适量
豆豉……………………………适量
食用油…………………………500毫升

调料：

酱油……………………………1大匙

制法：

1. 将苦瓜洗净，擦干水分，切去头尾，横剖去籽，切成大小一致的块状备用。
2. 热锅，放入食用油以中火烧热至约175℃，放入苦瓜块炸2～3分钟，捞起沥油。
3. 锅中留约1小匙食用油，先下嫩姜丝炒香，再加入豆豉和酱油，最后放入苦瓜块炒匀即可。

酸姜皮蛋

皮蛋，恐怕是最令国际友人闻风丧胆的中华传统美食之一了，甚至还曾经被美国某杂志评为“全球最恶心十大食物”之一。每每看见电视节目上的外国朋友们面对这模样古怪、气味刺激的蛋露出难以言喻的惊恐表情时，我都忍不住要扼腕叹息一声“非我族类，其心必异”，连皮蛋这样的美味都欣赏不来，怎么能愉快地做朋友？

就像其余众多食物一样，没有人能说得清最早发明皮蛋的究竟是谁。史书上只记载弹指间能使朝野震动的帝王将相，却无人在意一饮一食出自哪个平凡的厨房。最早明确记载皮蛋做法的书籍是明朝的《竹屿山房杂部》，作者在这部书里把皮蛋称作“混沌子”，说把炭灰和石灰用盐水混合好，煮沸后涂在蛋上，封存35天，就是晶莹剔透的皮蛋了。同是明朝人的戴曦著的《养余月令》中，皮蛋的做法已经与现代相差无几了：“每百个用盐十两，栗炭灰五升，石灰一升，如常法腌之入坛。三日一翻，共三翻，封藏一月即成。”只是在这本书里，皮蛋依然

皮蛋，又叫松花蛋、变蛋、灰包蛋等，可能是由北魏著作《齐民要术》中记载的咸鸭蛋演化而来的。皮蛋的表面黝黑光亮，还有白色的花纹，确如张岱所说“夜气金银杂，黄河日月昏”。

没能被称为皮蛋，而是被命名为“牛皮鸭子”——倒是别有一番趣致。

随着皮蛋做法的日益成熟，这一异香异气、爽口弹牙的美味很快传遍了大江南北。明末大才子张岱，号称自己极爱繁华，好鲜衣怒马、好华灯烟火、好梨园鼓吹、好古董花鸟，这样一位懂得生活、极善享受的公子哥儿，对美食的鉴赏能力自然也非同一般。他曾经为火腿、河豚、螃蟹等各色美食写下诗篇，也曾情深款款地描述皮蛋，说它“夜气金银杂，黄河日月昏”。清朝诗人吴世贤也用极为文艺的笔法来形容皮蛋，如“个中偏蕴云霞彩，味外还余松竹烟”。若是外国人得知他们视作恶魔般的食物被中国诗人吟咏得如此诗情画意，想必是要跌破眼镜了。

其实，也不只有中国人懂得欣赏皮蛋的美。日本学者青木正儿也曾在《中华腌菜谱》中歌颂皮蛋及其创造者，“（想出皮蛋做法的人）不能不说是伟大的功绩了。不晓得是谁给起了松花的名字，真是名实相称的仙家的珍味……想出种种的花样来吃，觉得真是讲究吃食的国民，不能不佩服了”。

中国人懂吃、爱吃、会吃，自然不是仅仅表现在制作出皮蛋这一味食物，将皮蛋变出万般花样配搭，才是最为精彩之处。近年来，凡有粥卖的地方几乎必有皮蛋瘦肉粥，最为普通的原料，最为简单的做法，却征服了大多数吃货的肠胃。皮蛋瘦肉粥之所以能一统粥之江湖，瘦肉不过是陪衬，真正熨帖精彩的，乃是来自皮蛋与大米的化学反应。清代美食家袁枚说：“见米不见水，非粥也；见水不见米，非粥也，必使水米柔腻为一，然后方为粥。”皮蛋中所含的微量碱，正是能促使水米交融的催化剂，让粥变得软绵香滑、不见米粒，在每一个肠胃空虚的夜晚带给你无限软糯温暖的陪伴。

许多人喜欢最为家常的凉拌皮蛋，配料丰俭由君，调味各随其心，真正是每个家庭、每个人都有专属于自己的凉拌皮蛋风味。作为一个湖南人，我自幼常吃的是烧辣椒皮蛋，那会儿家里还有煤球炉子，外婆会把辣椒直接扔在火上——炉火务必小，椒肉务必厚，这样才能不收获一盘辣椒炭。辣椒烤到外皮微微焦黑，

文中说到的皮蛋瘦肉粥是广东省的一道汉族传统名点，以切成小块的皮蛋及咸瘦肉为配料。一般也可以将其简为称“皮蛋瘦”或“有味粥”。

以快手拎起来，趁热撕去焦黑的外皮，将烧椒肉撕成条或丝，加醋、蒜末与皮蛋拌成一碟火辣惹味的小菜，用来佐粥或配饭、面，都再妥当不过了。

皮蛋好吃，但单吃起来略嫌涩口，因此，大部分凉拌吃法都离不开一点提味的醋。淡淡的酸正好可以平衡掉皮蛋的涩，堪称神仙眷侣。然而，要吃到神仙眷侣般的搭配，并不见得必须直接加醋。譬如，许多粤菜酒楼都提供一道传统小菜——酸姜皮蛋，既爽口又开胃，绝对是宴客诚意的最佳体现。

酸姜皮蛋看似简单，要做得好吃，却有诸多讲究。若是买不到现成的酸姜，则需选用鲜嫩仔姜切片，先用盐水汆过，再以红糖水和醋混合腌制两三天。皮蛋务必选用溏心的，才能吃出层次丰富的口感，晶莹剔透犹如琥珀的蛋白，软滑甘香味道浓郁的溏心，再配上一片清脆爽口的酸姜，绝对让每个吃过这道菜的人都回味悠长、念念不忘。

酸姜皮蛋

材料：

溏心皮蛋…………………………1个
醋姜片……………………………30克

调料：

凉开水……………………………1大匙
柴鱼酱油…………………………1大匙

制法：

1. 先将皮蛋放入沸水中煮约2分钟，取出用凉水冲凉，备用。
2. 将所有调料混合成酱汁，备用。
3. 将皮蛋剥去蛋壳，切成4等份后放上醋姜片，淋上酱汁即可；可适当佐以其他凉拌菜食用。

小贴士：

选购皮蛋时，应选蛋形正常、蛋壳完整无破裂损伤、蛋壳面平整紧密的。

第二章

何以解忧，唯有肉

每一个周三，忧伤泛滥成灾
从糟糕的下午走向无趣的黄昏
什么时候风刮过高楼，雨坠落伞角
写下城市的注脚
赋予自己诗意
用一杯冰凉的啤酒
在你的世界里
集中全部想象的力量
拨开霓虹的喧嚣
碗中有肉
不诉离愁

红烧狮子头

如果你是位无肉不欢的吃货，如果你有机会尝试了选料上乘、做工精致的红烧狮子头，就必定不会忘记它带给你的美妙感受。那般外壳微酥、内里极嫩的触感，肥而不腻、浓郁鲜美的味道，总会让你不由自主地一边吞口水一边怀念那盘极致美味的狮子头，不由自主地想要体验第二次、第三次……

在每一个工作过后倦怠的傍晚，或刷完网页百无聊赖的深夜，或急于向朋友炫耀自己贤惠一面的家宴，我们都需要这样一盘浓油赤酱的红烧狮子头来抚慰寂寞的肠胃与心灵。

认真想来，红烧狮子头恐怕可以跟夫妻肺片、蚂蚁上树、苍蝇头等并列为中国美食中最名不符实的菜名了，因为夫妻肺片里没有夫妻，蚂蚁上树里既没有蚂蚁也没有树，苍蝇头里没有苍蝇，而会做红烧狮子头的厨子千千万万，真摸过狮子头颅的……想必是万中无一。

若是要老老实实取个名字，红烧狮子头合该叫做红烧肉丸子才算得上童叟无欺。然而，就像一味老实的人难免少些浪漫风流的魅力，一味老实的菜名也欠了些精彩跌宕的趣味。

大肉丸子是如何变成名菜狮子头的？要仔细追究起来，也有一段很长很长的故事。据说，在1000多年前的北魏，官拜左光禄大夫、司徒的崔浩所著的《食经》就记载了狮子头的起源——只不过那会儿它还没有这么一个戏剧化的名字，而是老老实实地唤作“跳丸炙”，做法是将羊肉与猪肉各一半切碎，再加生姜、橘皮、藏瓜、葱白，捣入肉泥之中做成丸子，然后再煮一锅羊肉汤，下入肉丸烫熟了吃。

后来，传说在隋炀帝下扬州时，就有厨师精心烹制成松散柔腻的肉丸献上，取名为“葵花大斩肉”，这便是狮子头真正的前身了。论及菜名，“大斩肉”三字好理解，欲将大块猪肉整治为肉丸，自然离不开挥刀大斩；而“葵花”二字，却是因其肉丸体大而色泽金黄，又有毛糙肉粒突出表面，宛如一朵盛开的葵花。

← 隋炀帝杨广在位期间开创科举制度、修建大运河、迁都洛阳等，对后世颇有影响。但他亲征吐谷浑、三征高句丽，又滥用民力，导致天下大乱。大业十四年（618年），骁果军在江都（今扬州）发动兵变，杨广被叛军缢杀。

↓这是一幅17世纪时的中国帛画，描绘了隋炀帝杨广乘船于大运河上，并在江都停留的盛景。

扬州的建城史已有约2500年，古称广陵、江都等，有“淮左名都，竹西佳处”的美誉，自古以来就是物产丰饶、人杰地灵之地，故狮子头起源于扬州也算水到渠成的了。图中为扬州大明寺内栖灵塔，是扬州地标建筑之一。

又传说，到了唐代开元年间，郇国公韦陟宴客，府中名厨也做了扬州名菜葵花大斩肉。这道菜端上来时，只见肉丸表面一层的肥肉末已大体溶化，瘦肉末则相对凸起，给人以毛糙之感，一如门前石狮那满是卷曲毛髻的头颅。狮子为祥瑞之物，象征着权势与地位，宾客们乘机奉承韦陟，从此便将葵花大斩肉改名为狮子头。

其后的扬州千古繁华，诗人们骑鹤下扬州，盐商们饮朝美饭食，才子们一觉扬州梦，佳人们念桥边红药，种种风流俊赏、世间佳话，恐怕都离不开俗世间最销魂的温暖——一盅恰到好处的狮子头。

扬州狮子头，关键是肥瘦肉的搭配比例，它嫩，就嫩在肥肉里。把肉丸当作一个生命的话，肥肉就是它的灵魂。有了肥肉，肉丸才丰满柔软、神气活现，若是只有瘦肉，光是想象一下就能被那满口的“柴”味膈应得伤足胃口。狮子头要肥瘦得宜，才能既有肉的娇嫩滑润，又不至于绵烂如泥，这份左右逢源的恰到好处，只有肥肉能够给予。梁实秋学到的方子是“细嫩猪肉一大块，七分瘦三分肥，不可有些许筋络纠结于其间”。我也曾尝试种种肥瘦搭配比例，确是七分瘦三分肥最好，不服不行。

扬州狮子头，其次重要的便是切法。现代人每日忙得脚不点地，只好拿机器绞肉对付自己的肠胃，若要吃到一份真正有灵魂的红烧狮子头，非得自己动手人工切肉不可。清朝人林兰痴说狮子头要“细切粗斩”，短短四个字就已经将狮子头的刀功说了个通透。我小时候看外婆切肉，总嫌她切得太慢太不爽快，恨不得如电影里拍的那样，双手各执一大刀，将肉剁得飞起。后来才知道，剁肉只能拿来包饺子，却是不能用以烧狮子头的——因剁得太细，肉的筋骨嚼劲一同化作泥，肉泥挤作丸子之后空隙太小，再无狮子头独特的松软柔腻口感。因此，要做一碗足够考究的红烧狮子头，就请将七分瘦三分肥的肉先切丝，然后切成石榴子大小的丁，最后再稍微剁上几刀即可。

猪肉是躯壳与灵魂，调料却是钓出最精彩神韵的钩。若是没有爽口的荸荠丁羼杂其中，再鲜美的肉也难免带着几分油腻，再加上甜美百搭的大白菜，方能成就一份鲜嫩滑爽、轻盈柔腻的红烧狮子头。

红烧狮子头

材料：

猪绞肉……500克
荸荠……80克
大白菜……适量
姜……300克
葱白……2根
水……50毫升
鸡蛋液……适量
淀粉……2茶匙
水淀粉……3大匙
食用油……适量

调料：

料酒……1茶匙
盐……1茶匙
酱油……1茶匙
白糖……1大匙

卤汁材料：

姜片……3片
葱段……适量
水……500毫升
酱油……3大匙
白糖……1茶匙
料酒……2大匙

制法：

1. 将荸荠去皮，洗净，切末；姜去皮，洗净，切末；葱白洗净，切段，加水打成汁后过滤去渣。
2. 将猪绞肉与盐混合，摔打搅拌至呈胶粘状，依次加入制法1中的材料、除盐外的所有调料和鸡蛋液，并搅拌摔打；随后加入淀粉拌匀，再均匀分成7颗肉丸。
3. 备一锅热油，用手蘸取水淀粉均匀地裹在肉丸上，将肉丸放入油锅中炸至表面呈金黄色后，捞出。
4. 取锅，先放入所有卤汁材料，再加入炸过的肉丸，以小火炖煮1小时；将大白菜洗净，放入沸水中焯烫，捞起沥干，放入锅中，最后倒入炖煮好的肉丸即可。

东坡肉

细数国内名菜，以历史名人为名的似乎不少，诸如“曹操鸡”“太白鸭”“五柳鱼”，等等，甚至还有中国人从没吃过但风靡西方中餐馆的“左宗棠鸡”。这些佳肴和人物之间多多少少都有一些传说，譬如李白将自己爱吃的“太白鸭”献给唐玄宗，曹操用药膳鸡来治疗自己的偏头痛等，大多听起来似巷尾野闻，难辨真伪。

唯独大大有名的“东坡肉”，似乎已经被所有人笃信和苏轼有关。这道菜虽然只用五花肉作为原料，但制作起来颇为复杂，常常被作为宴席上重要的主菜，每每甫一亮相就吸引住所有人的目光，浓油赤酱的胭脂色，加上扑鼻腻人的浓香，还未动筷子，十分滋味已经饱尝了八分。

有人说东坡肉是苏轼本人被贬黄州（今湖北黄冈）时发明的，因为当地人不懂得烹饪猪肉的方法，觉得猪肉腥膻难以入口，所以导致当地的猪肉很便宜，而俸禄低微的苏轼正好买猪肉来打牙祭，一来二去琢磨出料理之法，化腐朽为神奇。为此他还写下一首《炖肉歌》：“黄州好猪肉，价钱等粪土。富者不肯吃，贫者不解煮。慢著火，少著水，柴头罨烟焰不起。火候足时它自美。每日起来打一碗，饱得自家君莫管。”

据宋朝人周紫芝所著的《竹坡诗话》记载，这首文字浅白的诗确为苏东坡所写，后来也收录到他的诗集之中，诗人用街头童谣一般朗朗上口的语言将制作东坡肉的诀窍尽数道出。想品尝这道美味的确需要无比的耐性，首先耗时要长，方能将两寸见方的大块肉炖融炖软，直到肥肉变得近乎透明，瘦肉轻易可以插箸；其次火要小，柴要焖住火头，灶膛通红而无明焰，才能让酱汁的滋味一分一分融入其中；再次水不能放多，多则汤汁不浓稠，肉也容易软烂变形；最后是火候的掌控，却难言传，只能通过掌勺人的悟性，故而“火候足时它自美”，似乎能看到作者隐在字面背后的得意笑脸——做法可都告诉你了，至于成品如何，关键的一点还在于你懂不懂得在火候足时适时收手。

一碗好的东坡肉当用细腻白瓷碗盘，铺一层碧青蔬菜，整齐码放的肉块皮脂晶莹红亮，肉质嫩韧滑口，浅浅的一碗底汤汁饱吸了五花肉的精华。吃之前要先解开捆扎肉块的棉线，心急反而会让线越绕越紧，好像这竟是一种用餐前的仪式，令人对眼前这道菜态度虔诚起来。

被黄州本地人嫌弃的有土腥味的猪肉经小火慢炖之后，散发出绵延千年的诱人香味。但杭州人却对以上说法不以为然，如又有人考据出东坡肉并非苏轼所创，而是杭州人为了感谢他治理西湖留下苏堤而做。虽然说法略有出入，但这道菜与苏东坡俨然是脱不了关系了。其实，这与苏轼一向天真烂漫的个性不无关系。

有宋一代，士大夫阶层努力追求理性与风雅，可真性情的苏轼似乎与之格格不入。他徜徉竹林之中，写出“好竹连山觉笋香”这样的句子，对着其他文人骚客极力歌咏的君子竹，做出一派垂涎三尺的模样，这种光明正大的“好吃”可谓千古流传。同样，大概他对“君子远庖厨”的圣人训诫不那么认真，“爱吃”的同时也一心钻研“吃法”。在一篇《老饕赋》中，苏轼乐颠颠地描写厨房之乐，从请厨子聊到挑选锅碗瓢盆，列举各种自己爱吃的食物及其做法：吃肉要选猪颈

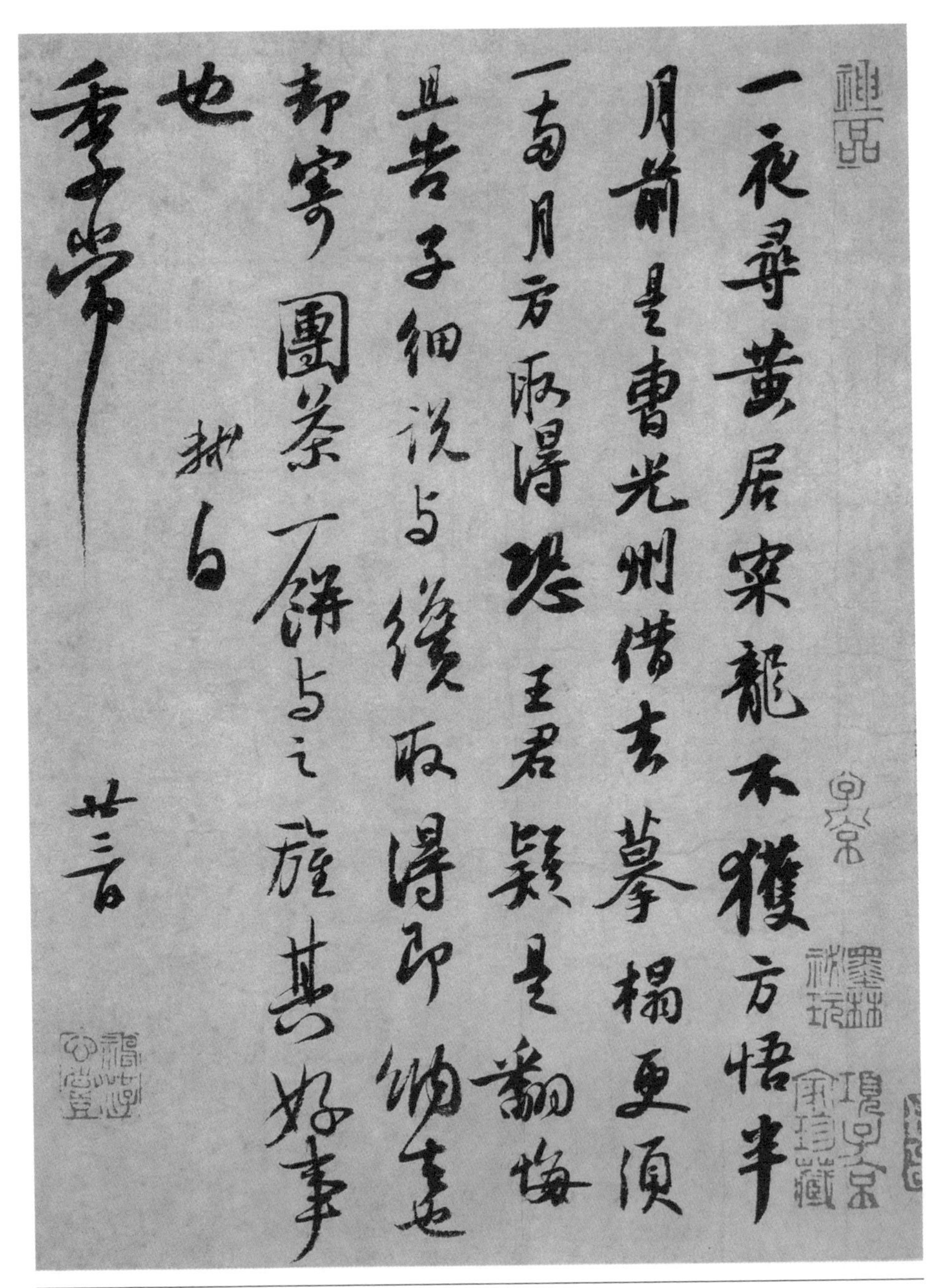
一夜尋黄居寀龍不獲，方悟半月前是曹光州借去摹搨，更須一兩月方取得。恐王君疑是翻悔，且告子細説與，纔取得即納去也。却寄團茶一餅與之，旌其好事也。軾白。季常。廿三日。

苏轼因“乌台诗案”被贬谪黄州期间是否创制了东坡肉已无从考证，但此间是他艺术创作的高峰期确是无疑的。如图中所示的《一夜帖》，是苏轼在黄州期间写给好友陈季常的信札。此帖遒劲茂丽、肥不露肉、神采动人，表现出苏轼一向旷达浪漫的个性。

肉最嫩的一块，螃蟹最美味的当数秋风起前的蟹螯，甜点吃的是樱桃蜜饯、杏仁蒸糕，贝壳类要炙烤到半熟再就着酒吃，最后还总结道“盖聚物之夭美，以养吾之老饕”。“老饕”这个名号，大概等同于现在的“吃货”吧，似乎带着贬义，但又带着些顾盼自得的豪气。

那么，这样香浓腻人的一道红烧猪肉被冠以苏轼的名字，自然也不会让人们惊讶了。诗云“今人不见古时月，今月曾经照古人”，流光倏忽抛掷，将诗人载入历史，而美好的滋味却代代传承，亦如月光一般福泽到新时代的今天。尝一块东坡肉，唇齿留香之际，会觉得宋时的宽袍广袖，似乎也没有那么遥远。

东坡肉

材料：

五花肉……200克
姜……7克
葱……1根
红辣椒……1/3个
棉绳……50厘米
水……700毫升

调料：

酱油……5大匙
白糖……1大匙
香油……1小匙
番茄酱……1大匙
盐……适量
白胡椒粉……适量

制法：

1. 将五花肉洗净，切成宽约5厘米的正方块，用棉绳将五花肉交错绑成十字状。
2. 取锅倒入半锅水煮至滚沸，放入绑好的五花肉焯烫至变色，捞起沥干备用。
3. 将姜、红辣椒均洗净，切片；葱洗净，切段；然后将三者放入烧热的锅中炒香。
4. 倒入水，加入所有调料和肉块烹煮。
5. 盖上锅盖，以中小火焖煮约35分钟至汤汁略收即可。

香酥鸭

我小时候不吃鸭，因总觉得鸭肉上带着一股挥之不去的腥臊气。长大之后，也不知道从何时起，忽然就迷上了鸭肉丰腴柔嫩的质感，自此一发不可收拾。这才知道，鸭的独特味道一如蔬菜界的香菜和水果界的榴莲，爱则牵肠挂肚流连忘返，恨则掩鼻避之唯恐不及。

但比起香菜和榴莲，鸭的拥趸恐怕还是占多数的，大江南北都有几道以鸭子为主料的特色美食。其中最为扬名海内外的恐怕要算北京烤鸭，其讲究的是鸭皮酥脆、鸭肉嫩浓。别的肉可以追求瘦韧，鸭肉却务必肥——肥才能嫩。因此，北京烤鸭最重要的步骤不是烤，也不是片，却是将鸭子填成丰满肥硕的标准体格。我上小学时候写作文，常常半懂不懂地照搬名词，把教学制度描述成“填鸭式”。现在想来，能把鸭子强行填成那般肥嫩美味，残酷固然残酷，却也的确好吃。北京烤鸭久负盛名，生长于北京的梁实秋先生更念念不忘的，却是烤鸭子滴出来的那碗油，和片完的那副鸭架。鸭油可以蒸蛋羹，香气四溢。更会吃的人则

说到以鸭做菜，最著名的恐怕要数北京烤鸭了，它创制于明朝，是当时的宫廷食品。北京烤鸭的原料是北京鸭，且必须用果木炭火烤制，成品色泽红润，肉质肥而不腻、外脆里嫩。

把整副鸭架带回家去熬汤，加口蘑打卤，卤上再加一勺炸花椒油，就能成就一碗美味无匹的打卤面。老北京人唐鲁孙也有格外惦记的烤鸭周边产品，在他客居中国台湾数十年后，还魂牵梦萦着故乡饭馆的一道旧菜——鸭泥面包。说是要把烤鸭的鸭脯嫩肉拆下来捣烂，用极热高汤煨好，再将新鲜吐司切成寸寸见方骰子块儿，炸得脆而不焦，上菜时把炸透的面包丁倒入滚烫的鸭汤中，一声"嗤啦"便激发出无限浓香与食欲。

北京人对烤鸭情有独钟，南京人却吃得更为花样百出。南京人春天吃春板鸭、烤鸭，夏天用琵琶鸭煨汤，秋天吃鼎鼎有名的盐水鸭，冬季则是香气入骨的板鸭，真正不负"鸭都"盛名。整只的鸭子炮制出各色大菜，那些细枝末节的边角碎料也绝不能放过，鸭头、鸭脖、鸭架、鸭翅、鸭爪、鸭心、鸭肝、鸭胗、鸭肠都被用来做成小吃零食，鸭血更是成就了南京最有名的小吃之一——鸭血粉丝汤。爽脆的鸭肠、滑嫩的鸭血、绵香的鸭肝、柔韧的粉丝，再配上温润鲜美的一碗汤，几乎构成了每个南京人的童年记忆。

湖南人爱吃血鸭。偶有外地朋友来湘吃到此菜，百般纳罕问我："说是血鸭，鸭血去哪儿了？"原来，通常以血入馔，都要将血凝固后切片，这道菜却另辟蹊径，先以大火爆炒鸭块（自然少不了姜、蒜、辣椒等配料），再稍加焖煮，等将要收汁之时倒入半凝固的鸭血翻炒，鸭血不成形而是化入鸭肉之中，成就一碗异常鲜嫩却又火爆热辣的佳肴。

血鸭味美而模样糊涂，适合家常聚餐，另有一道模样高贵端庄的香酥鸭，最适合宴席正餐。这道菜不知来历（川菜、苏菜、湘菜中均有此菜），恐怕也无从考据，却单凭一副上好卖相和一身极致美味便足够征服任何挑剔的食客。然而，要征服每一位食客，主人却也不得不花费些心思与时间。

第一步，便要用花椒、盐等调料将鸭子里里外外抹擦按摩，若是时间充足，可以放在冰箱里腌上一天；若是急于上桌，则也需腌制半个小时，才能将味道沁入皮肉之中。然后，将鸭子置入蒸锅，先用大火，后改中火，隔水蒸上2小时，才能使得鸭子皮酥肉烂，入口即化。做这类费时间的菜时，如果急不可耐地一心等待鸭子蒸熟，往往只觉得度秒如年，不如去做些别的事情，例如看看书、浇浇花、整理整理房间，则只觉蒸锅内隐隐发散出的都是袅袅生活情味，便不觉得难熬了。最后，将蒸熟的鸭子拎出来沥干放凉，用热油炸至色泽金黄而香气四溢，出锅即可。

若嫌金黄柔润的香酥鸭仍旧不够美观，还可于白瓷盘上铺几片生菜，使鸭肉横卧于翠白掩映的容器之上，既能解腻，更增加了视觉上的情趣。中国台湾学者林文月还说，若是逢年过节或宾客稍多时，也可以将浸泡过的糯米、火腿（或鲜肉）、香菇、虾米切丁，略炒过后塞入鸭腹中，针线粗缝使其密闭，再来做这道菜。糯米饭饱饱地吸足了鲜美无比的鸭油鸭汤，油润得粒粒闪光，竟比鸭肉更诱人几分。

香酥鸭

材料：

鸭……………………………………半只
姜片…………………………………4片
葱段…………………………………10克
料酒…………………………………3大匙
食用油………………………………适量

调料：

椒盐粉………………………………适量

腌料：

盐……………………………………1大匙
八角…………………………………4个
花椒…………………………………1茶匙
五香粉………………………………1/2茶匙
白糖…………………………………1茶匙
鸡精…………………………………1/2茶匙

制法：

1. 将鸭洗净，擦干备用。
2. 将盐放入锅中炒热，关火，加入其余腌料拌匀成腌汁。
3. 将腌汁趁热涂抹于鸭身上，静置约30分钟，再淋上料酒，放入姜片、葱段，上锅蒸2小时，然后取出沥干放凉。
4. 将鸭肉放入油温约180℃的油锅中，炸至金黄后捞出沥干，最后去骨切块，蘸椒盐粉食用即可。

小贴士：

鸭肉不蘸椒盐粉本身就有味道。香酥鸭要好吃，除了需炸得香酥，秘诀还在于先用干锅炒盐和花椒为主的腌料，炒香后抹在鸭身再料理，味道才香。

香辣肚丝

猪肚即是猪胃，味甘、性微温，可健脾益胃、补中理气，算是极为常用的内脏食材。人们常说外国人不吃内脏，实际上在欧洲的很多传统菜肴中，内脏（包括猪肚）也是极为重要的食材，只是他们不似我们这般花样百出地炮制食物，终究显得单调。

抛开营养价值不说，猪肚本身也十分美味。因猪肚肥厚质软，古代人常用以蒸煮烧汤，取其软糯口感。北宋人陈直撰写的《奉亲养老书》中就将猪肚作为养生食疗妙方，说将人参末、橘皮末、猪脾、糯米、葱白等各色食材和调料塞入猪肚之中，再缝口上甑蒸至软烂即可。南宋绍兴二十一年（1151年），宋高宗赵构去清河郡王张俊府上做客，张府的厨子大显身手，留下了几乎是中国历史上最奢靡的一道菜单，其中一个下酒菜就是“猪肚假江珧”。江珧即江鳐，是一种略呈三角形的海蚌。据说，猪肚假江珧就是将猪肚做成类似江珧的形状，这般想来有点过于容易，因将整只猪肚塞入配料蒸熟，只要略加修整就能形似江珧，似乎并

在中国的传统文化里，猪肚不仅可以烹调出很多美食，还可以药用，认为其具有治虚劳羸弱、泄泻、下痢、消渴、小便频数、小儿疳积等功效。

不值得在御宴上大张旗鼓地专程列明。我猜这道菜名是语义双关，一方面象形，另一方面则形容猪肚鲜美柔润一如江珧柱。要知道，在宋时江珧柱是极为有名的珍贵食材，苏轼就曾形容荔枝的白嫩柔媚“似开江鳐斫玉柱”，《王氏宛委录》中则说它“白如珂雪，以鸡汁瀹食肥美”。能将随处可得的猪下水做得跟名贵的江珧柱一般美味，才值得奉献给天子品尝吧。

到了元代，主流的猪肚做法仍是塞入配料整只烧熟，苏州人韩奕的《易牙遗意》中有记载，要将猪肚洗净，酿入一半糯米一半莲子，用线扎紧，煮熟压实，切片吃。明代冯梦龙纂辑的《全像古今小说》里描写了一个富家公子与青楼佳人的爱情故事。一日公子卧病在床，佳人十分惦念，便差人“买两个猪肚磨净，把糯米莲肉灌在里面，安排烂熟”，又亲笔写了封信，将熟猪肚装在盒内送往公子府上。情书自是缠绵悱恻，佳人却并非空谈虚幻之辈，而是将一腔柔情都寄托在烂熟猪肚之中了。如今，酿猪肚这道菜仍能见于南方许多地方，多半是搭配糯

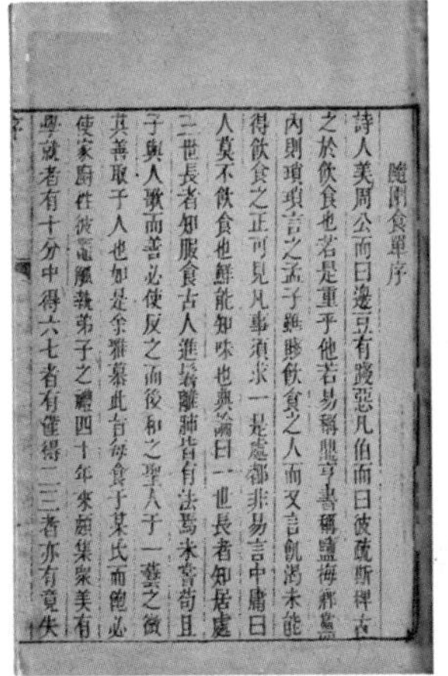

隨園食單序

詩人美周公而曰籩豆有踐惡凡伯而曰彼疏斯稗古
之於飲食也若是重乎他若易稱鼎亨書稱鹽梅鄉黨
內則瑣瑣言之孟子雖賤飲食之人而又言飢渴未能
得飲食之正可見凡事須求一是處都非易言中庸曰
人莫不飲食也鮮能知味也典論曰一世長者知居處
三世長者知服食古人進鬐離肺皆有法焉未嘗苟且
子與人歌而善必使反之而後和之聖人于一藝之微
其善取于人也如是余雅慕此旨每食于某氏而飽必
使家廚往彼灶觚執弟子之禮四十年來頗集衆美有
學就者有十分中得六七者有僅得二三者亦有竟失

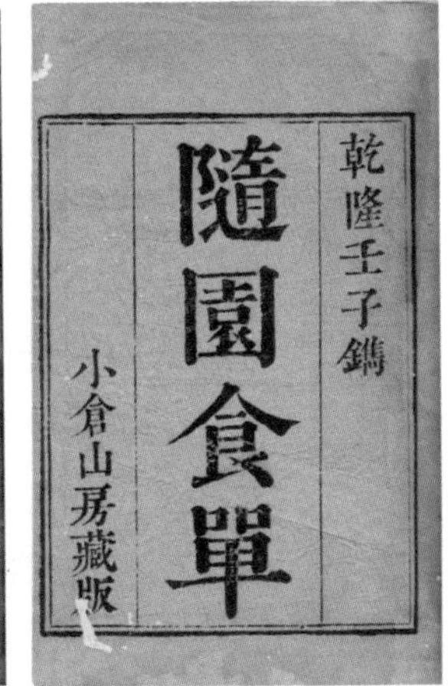

↑本文中提到的《随园食单》，是一本清代饮食名著，其以文言随笔的形式，用大量的篇幅详细记述了14~18世纪中国流行的南北菜肴饭点。

←《随园食单》的作者袁枚，号随园主人，是清代著名诗人、散文家和文学评论家。除本书外，袁枚尚有《小仓山房文集》《随园诗话》《子不语》等著作传世。

米，也有灌入绿豆和红枣的，皆看个人喜好。

清朝时猪肚发展出了多种吃法，《随园食单》里说“将肚洗净，取极厚处，去上下皮，单用中心，切骰子块，滚油炮炒，加作料起锅，以极脆为佳。此北人法也。南人白水加酒，煨两枝香，以极烂为度，蘸清盐食之，亦可；或加鸡汤作料，恨烂熏切，亦佳”。

梁实秋和唐鲁孙两位北京人则都怀念过一道经典鲁菜“油爆双脆”，说要以猪肚配鸭胗，抑或羊肚配鸡胗，肚片和胗片需分别过沸油至八成熟盛出，用锅内余油加葱末、姜末煸香，再把猪肚和鸭胗入锅，快速翻炒几下出锅。据说此菜对火候的要求极为苛刻，差一秒则不熟，过一秒则不脆，“炒出来红白相间，样子漂亮，吃在嘴里韧中带脆，咀嚼之际自己都能听到‘咯吱咯吱’地响”。梁先生爱吃油爆双脆，所以对部分“二把刀”而又非要做这道菜的厨子特别不满，说“不知地厚天高硬敢应这一道菜，结果一定是端上来一盘黑不溜秋的死眉瞪眼的东西，一看就不起眼，入口也嚼不烂”。梁先生想必在这道菜上受伤过许多次，吃了多少盘“黑不溜秋死眉瞪眼的东西”才能积攒出这般怨愤之意啊。

我家乡湖南也爱吃脆肚，讲究的是将猪肚切细丝，以大火爆炒，配料则需要有湖南特产的黄辣椒才能咸香辣爽，咬一口韧中带脆，却又绝对不会死嚼不烂。家常菜要做出爽口脆肚而又把握不好火候的话，大可以用食用碱先行腌制肚丝，也算是一手“作弊”的小妙招了。

广东人似是沿袭了袁枚所说的南人吃法，但又在“鸡汤作料”的基础上有所改进，是将整只鸡塞入猪肚中煲熟，先饮原汁原味的猪肚鸡汤；接着将猪肚鸡斩件切片后放入原汤中继续煲片刻，吃猪肚和鸡肉，此时猪肚爽口柔嫩，鸡肉鲜甜可口，美味无比；最后再放入各色配菜打边炉，就如吃火锅般以浓鲜之极的猪肚鸡汤涮熟配菜，连汤带水一并大快朵颐。

家宴无需猪肚包鸡那般繁复，大可以单用猪肚煮汤，而后将猪肚捞出来切丝拌调料当作爽口小菜，洁白丰腴的汤汁亦可当作火锅高汤烫熟各色青菜，一举搞定两道健康又美味的宴客菜。

香辣肚丝

材料：

猪肚……300克
芹菜……5棵
红辣椒……1个
香菜……2棵
大蒜……5瓣

调料：

A：
料酒……3大匙
盐……1小匙

B：
辣椒油……3大匙
香油……1大匙
白胡椒粉……1小匙
盐……适量

制法：

1. 将猪肚洗净，放入锅中，加入可没过猪肚的水量，再加入调料A，以大火煮滚，再转小火煮约3小时至软，再捞起切丝，备用。
2. 将芹菜、香菜、红辣椒、大蒜均洗净；芹菜切段，焯烫；香菜切碎末；红辣椒切丝；大蒜切片，备用。
3. 取容器，将所有处理过的材料与调料B混合搅拌均匀即可。

葱香黄鱼

黄鱼拥有一身金黄闪耀的皮囊，又有白玉般鲜美可口的肉质，是中国传统四大海产之一，也是沿海地区的传统美食。早在春秋时期，吴越之地的居民就已经开始出海捕鱼，而明代福建盐运司同知屠本畯已经在自己的著作《闽中海错疏》里，详细记载了黄鱼的习性与鱼期，想必已经形成了规模性的捕捞。

黄鱼有大黄鱼、小黄鱼之分，虽都是石首鱼科，但体型、习性略有不同，论味道也是各有千秋，不过要做葱香黄鱼，还是以体长30～40厘米的大黄鱼更为合适。因为是肉食性鱼类，大黄鱼的肉质比起食草鱼更为细腻紧实，适合各种烹饪方法——雪菜黄鱼汤浓味重，清蒸黄鱼清新滋补，糖醋黄鱼酸甜稠厚，香煎黄鱼油香扑鼻，而葱香黄鱼则融红烧与香煎的精华于一体，口感丰富，当得起食客们的细细品味。

将大黄鱼两面打上花刀，令滋味能更好地渗入厚厚的肉身，下油锅煎至两面金黄，略带一些焦香之际出锅放凉。重新起锅炸香葱段，加入调料和水，把黄鱼

大黄鱼，又名大黄花鱼，体侧扁，体长40~50厘米，金黄色，鳞较小，平时栖息在较深的海区，每年4~6月向近海洄游产卵，秋冬季又向深海区迁移。大黄鱼是中国重要的经济鱼类，不仅可供食用，其鳔还可制胶。

放入锅中烹煮，直到汤浓鱼润收汁，葱香与鱼香在揭开锅盖的一刻满溢而出。葱的辛香来自于体内的挥发油与葱蒜辣素，这种味道轻微刺激，直让人胃口大开。此时的黄鱼皮质酥香，口感微微有些焦脆，拨开表面，便可见雪白的柔软鱼肉，蘸上汤汁伴着热气入口，鲜香就在一瞬间爆发出来。

黄鱼要烧得好，重要的是不粘锅，如果鱼皮粘连煎破了，不仅破坏美感，也容易让鱼肉变色，失去鲜嫩的质感。曾赴一场家宴，主妇是一位在海边生活十几载的大厨，席上她倾囊相授煎鱼大法。首先要略微腌制，关键的一步是在下锅之前将鱼身两侧擦干，可用厨房纸巾快速地轻粘数次，让鱼肉上不再有浮水。锅得烧红烧热，再倒入油，在油温不高的时候拎起鱼尾，由鱼头入锅，逐渐放入身体。煎的时候不要轻易动锅铲，那样容易铲破皮肉，只需轻轻晃动铁锅，让鱼身在油上荡动，就可以省却被粘住的烦恼。

她说得起劲，我们吃得开怀。席间我还忆起清人王莳蕙的一首《黄花鱼》：

“琐碎金鳞软玉膏，冰缸满载入馆舫。女儿未受郎君聘，错伴春筵媚老饕。”诗写得不怎么样，却实诚地讲述了黄鱼之美，甚至以未嫁之女来比喻这盘佳肴，想必是老饕们怡然享受着黄鱼“美人”的陪伴，吃得口滑之际，写于宴席之上的游戏之作。

这首诗不但写出了黄鱼滋味之好，还指出了在捕捞过程中的关键之处：黄鱼味美却娇嫩，因为黄色素遇光容易分解，因此捕捞的时候都要选月黑风高之夜，以使它在上桌之前仍保持完美的色泽；鱼儿收网之后要迅速称重，时间稍微一

随着生产力的发展，渔民们再也不用像过去那样辛苦地劳作了，而收获量却呈几何级数的增长。但是，生态问题也愈发严重，看来人类越强大就越应该懂得约束自身才行。

长，超过 2 分钟黄鱼就会因缺氧开始死亡；黄鱼装入箱中，必须倒入冰块保存，以期味道和鲜度达到最佳，所谓“冰缸满载入馆舫”，就是这个意思。

黄鱼是非常少见能发出声音的鱼类，它们能通过鱼鳔和两旁的声肌发出声音：当声肌收缩的时候，内脏和鱼鳔中的空气产生共振而发出较大的声响。在它们群聚而洄游之时，这声音在海上听起来十分洪亮，尤其在生殖期间，黄鱼群整日发出“呜呜”“咯咯”的鸣叫，大概是鱼儿们用以联络、集合的手段吧，所以要判断鱼群的大小与栖息的位置，有经验的人一听便知。

古代中国的渔民已经掌握了黄鱼的习性，它们热爱歌唱，也对声音敏感，古人便创造出“敲罟”之法来捕捞黄鱼。“罟”即渔网，在辽阔的东海上，人们趁着黑夜驾起数艘渔船，燃烧的火把星星点点铺展在海面，对鱼群呈合围之势，再敲打竹筒发出声音驱赶，最后将黄鱼悉数兜入网中。千年以来波涛如旧，黄鱼的滋味也依然美妙，但因为20世纪五六十年代的过度捕捞，曾经一网千斤的黄鱼在很长一段时间里近乎消匿，浙江、福建沿海一带声声的敲罟再也无迹可寻，1.5千克以上的大黄鱼甚至曾经飙升至每500克5000元的“天价”。幸好经过长期的休渔，同时发展黄鱼养殖业，美味可口的大黄鱼才重新回归普通人的餐桌。

孟子曾言：“不违农时，谷不可胜食也；数罟不入洿池，鱼鳖不可胜食也。”远在2000多年前的先人已经预言的道理，今人却仍要花上巨大的代价去亲自证明，希望在不久的将来，鱼群重回碧海，人类与自然同生同息，永为良伴。

葱香黄鱼

材料：

大黄鱼……1条
葱……100克
食用油……适量
高汤……600毫升

调料：

酱油……4大匙
白糖……3大匙
料酒……5大匙

制法：

1. 将黄鱼洗净，两面各划3刀；葱洗净，切成长约5厘米的段。
2. 取锅，倒入适量食用油烧热，放入黄鱼，将两面均煎至酥脆后盛出。
3. 在锅中放入葱段，以小火炸至葱段表面呈金黄色后加入白糖，以微火略炒约3分钟至香味散出。
4. 在锅中倒入高汤，加入其余调料，放入黄鱼，以小火烧至汤汁浓稠即可。

贵妃牛腩

“腩”这个字，来自粤语。

我小的时候，正是TVB（香港无线电视台）火遍全国，港剧一统天下的年代。每天打开电视机，除了听到满耳的“做人嘛，最重要是开心啦”和“你饿不饿？我煮面给你吃”之外，便时常看到那些时髦青年或市井男女动辄去吃一碗牛腩面。

我那会儿不知道何谓牛腩，但光是听着“腩”字带着鼻音的婉转发音，便脑补出了温存软烂、香而不腻的一锅浓汤。后来也不知道从什么时候开始，家乡的大街小巷也纷纷出现了“牛腩”一词，满街的米粉店都在“牛肉粉”这一选项旁边挂出了“牛腩粉”的牌子，以示区别。但广东以北地区对于牛腩一物，到底失于陌生，划分方式也只是简单粗暴，以致概念还是相当含糊。后来去了广东、香港，才知单是牛腩也能分门别类、各有不同，于是听当地朋友给我一一介绍各色腩肉：坑腩用作焖、炖、红烧；崩沙腩最好煮作清汤；腩底最是坚韧，非得久

↑牛腩的种类确实较多：坑腩，是指取自牛胸前的牛仔骨或旁边牛肋条部位的肉；崩沙腩，是牛肚皮的腩位，位于牛的横膈膜附近；腩底，指连着坑腩近牛皮下的一块肉，肉质又粗又韧。

← 小图所示即为坑腩。

煲不可……听得我云里雾里，到底也没有分辨明白，单是觉得这也好吃，那也好吃，如此而已。

所谓牛腩，其实就是牛的腹部靠近肋骨处的肌肉，有别于牛其他部位的肉，它质地松软，更易入味。同时，牛腩又具有比其他部位的牛肉浓重得多的腥膻之气，若是烹调不善，使异味凸显出来，难免影响口感。然而，就如鲥鱼多刺而分外鲜美，螃蟹壳硬却格外动人，牛腩也是饮食界的一大悖论。烹饪不当，固然味道差强人意；而一旦烹饪得法，牛腩的异气就会转化成更为浓郁鲜美的醇香，不仅异香扑鼻，且松软味美，勾得人食指大动，非饱食一顿不可。

要烹饪牛腩，几乎没有旁的方法，归根结底就是一个字——炖。须得先焯烫去除血污异味，再或是先炒后炖，或是直接炖至酥烂，都决计离不开那一束小火慢煨烂炖的款款情致。小时候读诗，每到天寒地冻的冬季，都忍不住想起白居易的那句“绿蚁新醅酒，红泥小火炉”。自幼念书不求甚解，只囫囵看个大概，一直一厢情愿地将“红泥小火炉”想象成正“咕嘟咕嘟”着一锅软烂牛肉的模样……总觉得只有这样一大锅红彤彤、油汪汪的牛肉，才值得邀约朋友雪夜前来，吃肉喝酒。

很多年后才知道，这想象实在不太靠谱，因我国古代的许多朝代为了保护耕牛而禁止食用牛肉，白居易生活的唐代便是其中之一。《唐律卷十五·厩库》记载：“主自杀马牛者，徒一年。”意指主人如果杀掉自己的牛或马，就得服一年苦役。不过也有人性化的补充——“误杀，不坐”。也就是说如果是误杀了牛

《水浒传》中最著名的好汉吃牛肉的桥段估计就是武松在景阳冈上那一幕了。如若不是吃了好几斤熟牛肉，饮过一十八碗好酒，恐怕即使是武松也无打老虎的胆量和力气吧。此图为日本江户时期著名浮世绘大师歌川国芳的作品，描绘的正是武松打虎最精彩的一瞬间。

马，就不需要承担刑事责任，这意味着如果非要钻法律空子，假装误杀一两头牛、马，或许也能吃上一锅好肉。然而，为了一锅肉还得承担着触犯刑法的风险，想必一般的守法良民不会这般舍命不舍吃吧。或许正是长期以来对于耕牛的保护，导致在已经不再立法禁止食用牛肉的明清时期，牛肉在菜谱上依然没能占据上流地位。记载了许多豪奢美食的《红楼梦》里没有出现一道有关牛肉的菜肴，只是在农庄送上地租时出现过“牛舌五十条”。世情小说《金瓶梅》同样写过各色美食，却也没有牛肉。唯独《水浒传》里的梁山好汉们走到哪里都要切几斤牛肉下酒，想必是因为只有这般肆意地大碗喝酒、大口吃牛肉，才能突显造反者的气魄吧！

梁山好汉们多半是豪气刚硬的北方汉子，故爱以有嚼劲的卤牛肉下酒，而南方人则大多喜食更为软烂绵柔的酥烂牛腩。贵妃牛腩名字贵气，炮制起来却并不复杂，与一般的红烧类菜肴并无太大不同，细数起来无非是三个步骤——焯烫、炒制、炖熟。看似简洁的步骤却永远能烹制出最恰到好处的美妙滋味。尤其在冬天的时候，为客人们炖好一大锅红润牛腩直接上桌，趁热揭开锅盖，扑鼻浓香登时能将满室湿冷寒气驱走大半，那种冬日里的温情惬意，非亲历者不能体会。至于这道菜为什么被冠以“贵妃”之名，我倒是真的无从深究，纯是主观臆测来讲，恐怕一是口感丰腴柔嫩，二是卖相润泽红亮，看着、吃着都颇具贵气吧。

贵妃牛腩

材料：

牛腩……500克
姜片……50克
大蒜……10瓣
葱段……3段
水……500毫升
食用油……3大匙
上海青……1棵

调料：

料酒……5大匙
辣豆瓣酱……1大匙
番茄酱……3大匙
白糖……2大匙
蚝油……2茶匙
八角……3个
桂皮……15克

制法：

1. 将牛腩洗净，切成约6厘米长的段，焯烫后洗净。
2. 取锅，倒入食用油烧热，放入姜片、大蒜和葱段，略炸成金黄色后，放入辣豆瓣酱略炒。
3. 加入牛腩段、八角、桂皮，炒约2分钟后倒入水和其余调料，以小火烧至汤汁微收，即可盛盘。
4. 将上海青洗净，对切，放入沸水中略烫，再捞起放置盘边即可。

小贴士：

1. 要将牛腩炖到软烂需要很长时间，可以用高压锅，也可以在炖牛腩时加入几片山楂干。
2. 炖牛腩时要一次加足水，并尽量避免中途加水。
3. 辣豆瓣酱的量可以根据自己的口味调节，而且辣豆瓣酱和番茄酱都较咸，所以要尝尝汤汁，再决定盐的用量，甚至可以不用盐。
4. 要将此菜做得好吃，还要注意收汁不要太干，最好留一些汤汁，还可以稍微勾芡使汤汁浓稠。

花雕蒸全鸡

自上古时代起酒便与人结缘，想必是贮藏时的机缘巧合，发酵让粮食与水迸发出神奇的力量，先民们将这种饮后醺醺然仿佛能通神的液体命名为“酒”。随后，它成为古人祭祀天地、宴请宾客以及节庆必备的物品，早在周朝就已经形成了完整的饮酒礼仪，《汉书》亦言“酒为百礼之首”，可见其在国人礼仪生活中的重要性。

考古学者也为饮酒史提供了证据，早在新石器时代，陶器的发明与农作物的耕种遗迹，就显示当时已经具备了酿酒的条件。在马王堆西汉墓里出土的帛书《养生方》中，还记载了最早的酿酒工艺，当时的人们用切碎的药材浸泡取汁，混合蒸熟的米饭，利用酒曲发酵酿造药酒。

当酿酒技术逐渐传入民间，粮食产量慢慢上升之后，酒便不再是贵族们的专利，而走入了普罗大众的生活。贩夫走卒以其消乏解困；江湖儿女喝一口慷慨侠气，如裴将军紫电青霜之剑舞；文人墨客用来佐诗磨墨，王羲之便在酒后挥毫

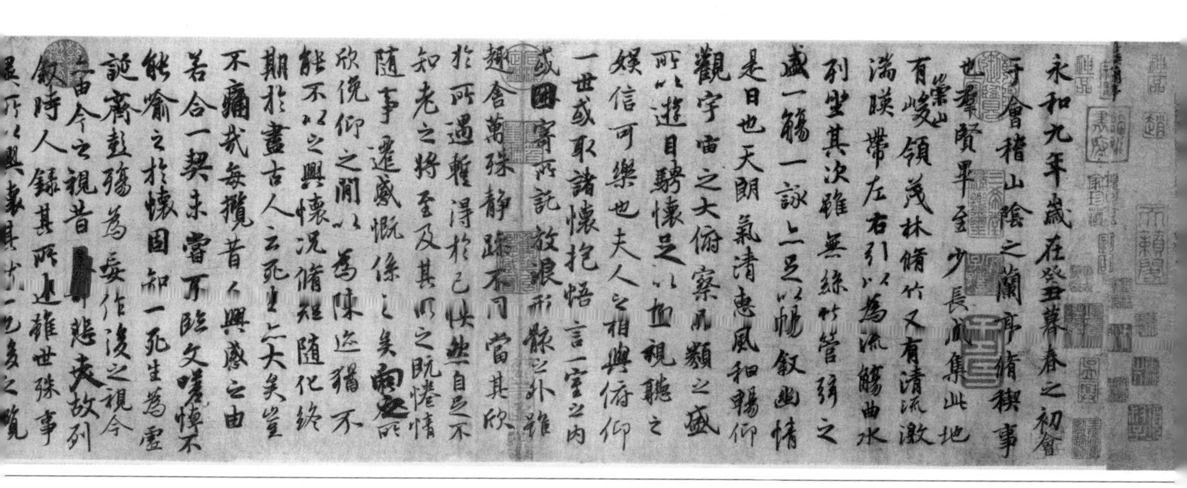
永和九年歲在癸丑暮春之初會
于會稽山陰之蘭亭脩禊事
也羣賢畢至少長咸集此地
有崇山峻領茂林脩竹又有清流激
湍暎帶左右引以為流觴曲水
列坐其次雖無絲竹管弦之
盛一觴一詠亦足以暢敘幽情
是日也天朗氣清惠風和暢仰
觀宇宙之大俯察品類之盛
所以遊目騁懷足以極視聽之
娛信可樂也夫人之相與俯仰
一世或取諸懷抱悟言一室之内
或因寄所託放浪形骸之外雖
趣舍萬殊靜躁不同當其欣
於所遇暫得於己快然自足不
知老之將至及其所之既惓情
隨事遷感慨係之矣向之所
欣俛仰之間以為陳迹猶不
能不以之興懷況脩短隨化終
期於盡古人云死生亦大矣豈
不痛哉每攬昔人興感之由
若合一契未嘗不臨文嗟悼不
能喻之於懷固知一死生為虛
誕齊彭殤為妄作後之視今
亦猶今之視昔悲夫故列
敘時人錄其所述雖世殊事
異所以興懷其致一也後之覽

东晋永和九年（353年）三月三日，王羲之与谢安等41位军政高官，在山阴（今浙江绍兴）兰亭“修禊”。而《兰亭序》就是王羲之为这些人在会上所作的诗写的序文。

写下千古第一行书——《兰亭序》；就连闺阁之中的女眷也会在起床时温一杯晨酒，梳妆时酡红面颊胜过胭脂。诗仙李白以好饮闻名，在他看来，喜爱杯中物乃是天经地义的事，对酒当歌慨然长吟：“天若不爱酒，酒星不在天。地若不爱酒，地应无酒泉。”

悠悠几千载，酒的滋味醇厚，能解腻，亦可去腥，故而以酒入馔则极为平常，古今中外的厨师都会用酒来烹饪肉类。辣酒煮花螺、红酒炖牛舌常常出现在高端宴席，而白酒老姜肉片汤、啤酒鸭又常常出现在普通人家的餐桌上。但论及传统，最是醉人的滋味，还是来自那一坛金黄如琥珀、馥郁芬芳的花雕酒。花雕即是黄酒，这种用糯米、麦曲酿造的酒越陈越香，有种独特的甘香滋味。关于名字的由来，梁章钜在《浪迹续谈》中记过一笔，“其坛常以彩绘，名曰花雕”。

黄酒酿造的历史可追溯至6000多年前，并逐渐在江浙一带形成了规模和传统。出生在浙江上虞的晋人嵇含在《南方草木状》里就记载了这种酒的优美婉约：“南人有女，数岁，即大酿酒。既漉，候冬陂池竭时，寘酒罂中，密固其上。瘗陂中，至春，潴水满，亦不复发矣。女将嫁，乃发陂取酒，以供贺客，谓之女酒。其味绝美。”当女儿年幼时的佳酿，在她出嫁的那日用来宴请宾客，酒

黄酒及其原料

黄酒属于低度酿造酒，含有丰富的营养，故有“液体蛋糕”的美誉。可以用来酿制黄酒的原料很多，如大米、黍米、黑米、玉米、小麦等均可。

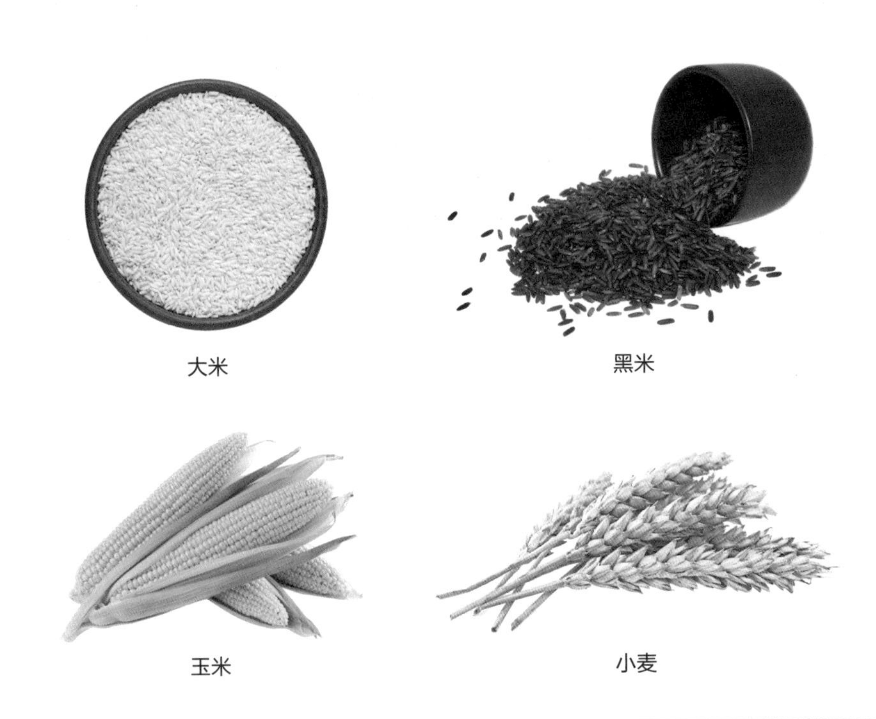

大米　黑米

玉米　小麦

黄酒是世界上最古老的酒类之一，源自中国，且为中国所独有，与啤酒、葡萄酒并称为世界三大古酒。文中提到的花雕酒、女儿红和状元红等，都属于黄酒的范畴。

酣时迷离的是一幕幕岁月痕迹，伴着喜乐的陈香里满是动人情怀。与“女儿红”相对的，还有为男孩准备的“状元红”，无不寄托着人们美好的愿景。

烹饪的高温会让酒精迅速蒸发，白酒、红酒与啤酒经此一役，滋味大多消弭在菜肉之间，唯花雕不同。饮花雕的传统，是先温后尝，《水浒传》里最暧昧的一场，不外乎大雪夜潘金莲温酒试武松，那妇人将酒温在火炉之上，如春葱般的手指捏住天青色瓷杯，杯中酒色荡漾、香气四溢，若非武二郎，恐怕没有人能抵挡这般旖旎风情。

花雕酒虽源于江浙，却在粤地发扬光大，大约是与粤菜着重鲜味、力图精致的风格不谋而合。广东人喜欢用花雕做菜，如花雕焖豆腐、花雕焗蟹、客家花雕炖腩肉，都是花雕酒的传统用法。因为酒精浓度不高，而滋味浑厚悠长，故花雕酒不似别的酒只能用来为菜肴提味，反而能成为滋味的主角。花雕蒸全鸡，香嫩滋补，老少咸宜，颇受人喜爱。

若在老实的岭南酒店宴客，店家多半会向你推荐这道菜，告诉你“今日的鸡好靓，试一试啦！”取月龄不大的仔鸡，除生姜之外，用几味药材加盐、生抽长时间腌制，枸杞子与当归是经典搭配，有时也会用黄芪或党参。等你点上之后，厨师便会将其斩块，灌入花雕酒，上大火蒸，瞬间加热让鲜汁被锁住，时间不能长，10来分钟刚刚好，这样的鸡肉最嫩最鲜，鸡皮吃起来竟有弹牙之感。

坐在古朴的木雕花门之下，尝一尝用传统瓦罐、砂锅蒸制的花雕鸡。煮过的花雕酒比凉时更柔和温厚、色泽澄亮，自有一种缠绵之意；浸泡其中的鸡肉也感染了这种颜色，无需再饮酒，也多半要醉了。

花雕蒸全鸡

材料：

土鸡……1只
洋葱丝……100克
葱段……适量
姜片……6片
红葱头……30克
花雕酒……300毫升

调料：

盐……1大匙
白糖……1茶匙

制法：

1. 将土鸡从背部剖开，洗净备用；取容器，放入洋葱丝、葱段、姜片、红葱头、花雕酒和所有调料，用手抓匀出香味。
2. 将土鸡用调好的腌汁抹匀，放入冰箱静置3小时。
3. 取盘，放入土鸡，入锅蒸约50分钟。
4. 取出装盘放凉，吃时剁成小块即可。

糖醋鱼

我自小长在鱼米之乡，无鱼不成席一直是最为理所当然的事。通常沿着江、湖都会有大量专司吃鱼的小饭馆，菜单只有薄薄的一张，做法多半只有黄焖、清蒸或水煮等两三个选项，只为吃一口鲜味。

湖南人嗜辣如命，又性格爽利，吃鱼也吃得清爽泼辣，毫不黏糊。吾乡的水煮鱼大不同于川渝名菜水煮鱼中的红油辣酱，模样生得极具欺骗性，乳白清汤上飘着白嫩鱼片，点缀几丝带着异香的紫苏叶，瞧着简直是滋补清润的汤品，一口下去却如二锅头下肚，火辣滋味直灌入喉。后来看《水浒传》第三十七回“及时雨会神行太保，黑旋风斗浪里白跳”，写宋江在江州酒楼上吃酒后，便想“得些辣鱼汤醒酒最好”。戴宗便唤酒保“教造三分加辣点红白鱼汤来”。这“三分加辣点红白鱼汤”简直概括得活色生香，一看就令人口舌生津——我一直以为这就是我自小喝惯的清爽版辣鱼汤，否则，若是覆上一层浓重辣油，鱼肉自然鲜嫩可口，汤却难以下肚，恐怕也解不了酒。

吃惯了这样的鱼，第一次瞧见厚润挂汁的糖醋鱼时，我的内心是拒绝的。然而，作为一个兼收并蓄的吃货，连豆腐脑甜咸之争都能泰然处之，区区一盘糖醋鱼自然也不在话下。甫一入口，糖醋鱼那外焦里嫩的口感与甜中有酸的风味便征服了我，更遑论它还有艳丽明亮的外貌呢。

认真算起来，如今十分常见的热辣辣的水煮鱼、酸菜鱼、剁椒鱼头等菜品不过是后辈（辣椒进入中国也不过区区500年左右），糖醋鱼才堪称是土生土长的华夏传统名菜了。

唐朝人喜吃鱼脍，“脍”是指将生鱼切成极薄而细的片或丝，白嫩鱼肉一如“无声细下飞碎雪”，再佐以芥末、新鲜橙橘，后来此法被日本人学了去，中国人自己倒是不大吃了。

随着时代发展，宋人将鱼又吃出了更多花样。传说糖醋鱼便是源自北宋时期，当时生活讲究精致的汴京（今开封）人最爱选用的乃是黄河鲤。3000多年前，《诗经》里就写“岂其食鱼，必河之鲤”，按今天的话说，就是吃鱼就必须吃黄河鲤。此后王朝变迁不断，但政治经济中心却始终处于中原地区，黄河鲤的地位自然也始终屹立不倒。

这道糖醋黄河鲤历经千年沧桑变幻，直到如今，仍是豫菜中不可或缺的重头戏。梁实秋说曾在河南馆子里吃糖醋鱼块，炸黄的鱼块微微弯卷如同瓦片，“上面浇着一层稠粘而透明的糖醋汁，微撒姜末，看那形色就令人馋涎欲滴”。吃完鱼后，伙计就会把盘子端下去，焙上一盘酥脆、微带甜酸的细面，据说这形似面条的美味却不是真正的面，而是将马铃薯擦丝后下油锅炒制而成的。这道在梁实秋笔下名唤“瓦块鱼”的菜我不曾吃过，倒是在北宋旧都开封府尝过一盘鲤鱼焙面。与梁先生念念不忘的河南名菜差别不大，只是瓦块鱼先吃完鱼再以浓稠汤汁焙面，鲤鱼焙面却是直接将焙面平铺于琥珀色的鱼身之上，顺序相悖，吃起来倒是一样的醇而不腻、鲜香醉人。

与鲤鱼焙面一别数年之后，有一年春天去了趟杭州，在湖畔的春雨绵绵之中点了一碗西湖醋鱼。骤然间一如他乡逢故知，呀！这不就是没有焙面的鲤鱼焙面么！顷刻间险些“直把杭州作汴州”，这才骤然想起——可不是么，两宋故

鲤鱼入馔

从传统上讲，要说到糖醋鱼就必说到鲤鱼，而以鲤鱼入馔，选择就很多了，如可干烧、可生食、可烤、可煎、可炸，等等。

干烧鲤鱼

干煎鲤鱼

烤鲤鱼

炸鲤鱼

都，本该一脉相承才是。只是没料到早已湮灭无踪的宋时繁华，会以这样幽微难料的线索，出现在两盘汁明芡亮的糖醋鱼身上。

倒是也有区别的。靖康之耻，宋室南迁，故国只堪在月明时登楼远眺，黄河更是成为遥不可及的旧梦，黄河鲤，自然也成为不可再得的传说了。好在“水光潋滟晴方好”的西湖之中虽无黄河鲤，却也有鲜美草鱼可堪大用。据说南宋高宗时期，随驾从汴梁南下临安（今杭州）的宋五嫂便就地取材，将糖醋鱼的原料改作了西湖草鱼。味道虽有细微差异，美味却是各有千秋，成就了传承至今的杭州名菜——西湖醋鱼。

糖醋鱼艳丽明媚，老少咸宜，最适合出现在宴席之上。若要在家自行烧制，以整条鱼直接入菜虽然卖相更佳，控制火候的难度却也更大。而当代人往往不喜鲤鱼、草鱼身上略带的土腥味，因此不如选用上好鲈鱼烧制，成就一盘香气扑鼻、甜酸诱人的佳肴。

糖醋鱼

材料：

七星鲈鱼……1条
洋葱……50克
红甜椒……20克
青甜椒……20克
水淀粉……1/2茶匙
食用油……适量

腌料：

盐……1/4茶匙
胡椒粉……1/8茶匙
香油……1/2茶匙

调料：

白糖……2大匙
白醋……2大匙
番茄酱……1大匙
盐……1/8茶匙
水……2大匙

裹粉料：

水淀粉……2大匙
鸡蛋液……2大匙
干淀粉……适量

制法：

1. 将七星鲈鱼洗净，剖开去除内脏，去骨，再用水冲净，加入所有腌料拌匀静置约5分钟，备用。
2. 将青甜椒、红甜椒、洋葱均洗净，切三角块，备用。
3. 将裹粉料中的水淀粉和鸡蛋液混合拌匀，均匀地涂于七星鲈鱼身上，再蘸上干淀粉，备用。
4. 热一锅，倒入适量食用油，放入七星鲈鱼以小火炸约2分钟，再以大火炸约30秒，捞起沥干油分，盛出备用。
5. 重新热锅，将青甜椒、红甜椒块及洋葱块略炒，放入所有调料拌匀，然后放入炸好的七星鲈鱼至熟，起锅前加入水淀粉勾芡即可。

第三章

骨肉果菜，食养尽心

沉默生长的稻子
在月光底下，泛着鹅黄的光线
蔬果鲜艳如梦
摇曳着光影与现实
人如草木
茎叶葱郁挺拔
根须直扎泥土
一切扰人的哄闹
溜过平滑的屋脊
萦回于耳边
逐渐消散、弥漫、无踪……

人参鸡汤

人参被中国人视为“百草之王”，西方人则称之为“Panax”，这个词源于希腊语，有包治百病的意思。成书于东汉时期的中医经典《神农本草经》里，已经写到了人参入药，认为它能“安精神，定魂魄，止惊悸，除邪气，明目，开心益智。久服，轻身延年”。现代医学的有关研究亦表明，人参中含有的人参皂甙等物质，可以刺激中枢神经、促进蛋白质如DNA的合成等，对心血管系统的好处多多。

早在人类出现之前，人参就已经生长在地球上，曾经极为繁茂。可是在第三纪（距今6500万~180万年）结束之后，人参这种植物便逐渐隐匿，远远地藏入了深山，变得罕迹难寻。正如唐人陆龟蒙有诗曰：“名参鬼盖需难见，材似人形不可寻。”因其珍贵，采得一株人参便可收获颇丰，于是人们便费尽心力在莽莽林海中寻找着这种神奇的植物。几百年来，“采参”甚至已经成为东北地区极为隆重而又神秘的活动之一，充满了许多奇特的禁忌与玄妙的讲究。所谓“三百六十

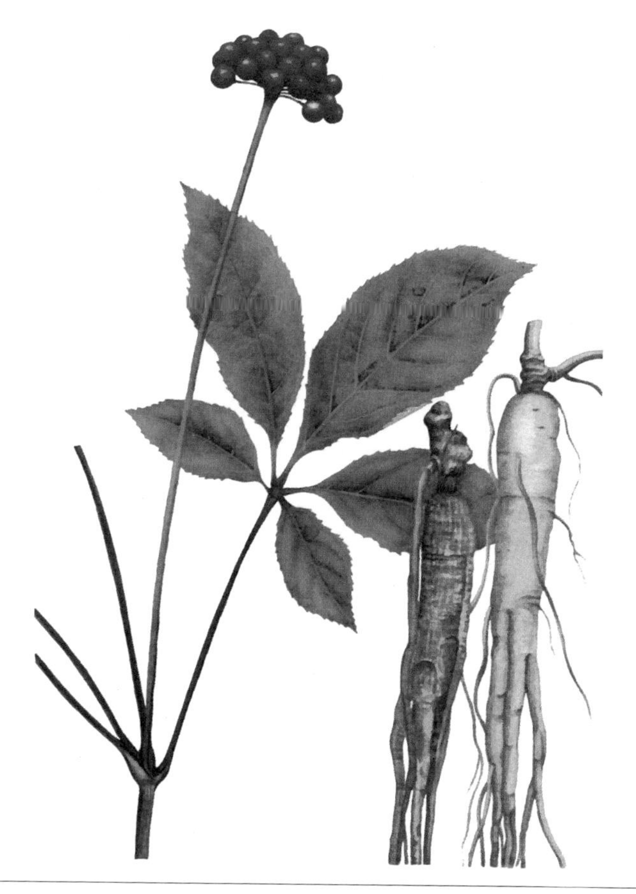

人参是一种多年生草本植物，喜阴凉；通常为3年一开花，5~6年一结果；产于中国东北、俄罗斯东部，以及朝鲜、韩国和日本等地区和国家。人参与琼珍灵芝、东阿阿胶一起被称为“中药国宝”。

行，行行有规矩”，这些习俗由曾经的采参人一代代口传身教，绵延至今。

因为清代禁止私采人参，所以长白山地方的人就把进山挖参叫做“放山”，并改称人参为“棒槌”。每年7~8月份，长白山中有种长得像黑鸽子的鸟就开始“咕咕喳喳”地鸣叫，声音独特而嘹亮，当地的民谚称“棒槌鸟叫得欢，放山伙子进了山”——说的就是在这个时节，参籽开始变红，天气又还暖和，是进山挖参最好的季节。

山深林密，人参踪迹难寻，因此古人认为多年的人参可以成精，如果不及时

“捉住”，它就会逃之夭夭。放山人找着人参，会仔细参详它的品相，如果根茎分量不足，长得还不够肥大，挖出去也卖不了好价钱。此时，他们就会用拴着铜钱的红绒线绳子系住参枝，再在旁边埋一把剪子，叫做“戴笼头”，就是为了防止它“逃跑”，等养上一段时间再回到原地把它挖走。

找着人参之后，放山人还要点燃蒿草熏走蚊虫，在周围划上框框，再慢慢用鹿骨钎子将参须周围的土扒拉干净，把人参小心翼翼地“请”出来。挖好的人参也不能就这么揣走，还要用青苔茅子、桦树叶和参生长地方的土壤包住，用草绳打包好。最后，还得在旁边的红松树上做好标记，告诉后来人这里曾经挖出过多大的参，以供参考。如此看来，挖到人参的肯定是少数，或者不会经常挖到，放山人风餐露宿、出生入死，所挣终归也只不过温饱，大部分时间里只能怀揣愿景，幻化出“人参娃娃”“人参姑娘”和“棒槌老人”的传说，成为人们茶余饭后的谈资和慰藉。

如此种种，更是增添了人参的神秘与名贵，一支老参可以卖得天价，加入人参做成的菜肴也因此身价千金，除非极为富贵的人家，否则只有在非常隆重的宴会场合方能一睹尊容。即便富贵如《红楼梦》里“鲜花着锦、烈火烹油”的宁荣二府，日常也很少见到此类食物，一般也是作为药用，如林妹妹日常服用的“人参养荣丸”。

中国是世界上最早应用人参，并将之用文字记载的国家。在甲骨文中就可以见到象形的“参”字，该字为上下结构，上部为人参地上部分的集中表现，这是人参最主要的植物学特征；下部则代表着人参的根茎，如主根、侧根等。

昂贵的野山参难以得到，但如今人参养殖渐成规模，倒也萌生了许多花样翻新的人参菜。曾在酒席上吃过一道“拔丝人参”，抱着疑虑下箸，入口竟然惊艳，因为糖衣的脆甜融合了参肉的微苦，反倒令那股子药香绵长清新起来。

人参药性较强，能让它的滋补功效发挥到极致的炖汤自然成为了最好的入菜方式。鸡汤本就是汤中上品，富于营养而美味非常，老人常言鸡汤“补虚”，与人参的“益气”恰好相得益彰。红烧、清蒸都无所谓，但煮汤则一定要用土鸡。走南闯北直至今日，我从来没有喝到过比外婆家更美味的鸡汤。那种只需几片生姜，就能熬炖出黄金色汤汁的鸡肉令人着迷，也不知家乡的水土空气有什么样的魔力。炖人参鸡汤也无甚技巧可言，不外乎材料要好，用上等参须和家乡土鸡，盛入瓦罐或砂锅，以小火攻之，随着时间流逝，热力将食材的精华逼入清水，当五碗水浓缩至三碗，汤已成。

美食的境界，并不在诸多花哨的材料和炫酷的手法，真正的高端其实是返璞归真，有如世间任何一种艺术。一碗汤，一小撮盐，不用其他调料，更能突出鸡肉的芬芳与人参之药性，成为飨宴中的滋补上品。

人参鸡汤

材料：

土鸡……………………………1只
人参须…………………………60克
姜片……………………………20克
葱段……………………………1根
水………………………………1000毫升

调料：

料酒……………………………1大匙
盐………………………………1茶匙

制法：

1. 将人参须洗净，泡水3小时，备用。
2. 将土鸡洗净，去头后放入沸水中焯烫，去除脏污血水后捞起沥干。
3. 将土鸡放入炖锅中，倒入水，加入姜片、葱段及人参须，以小火炖约2小时。
4. 于炖锅中加入盐、料酒，续炖15分钟即可。

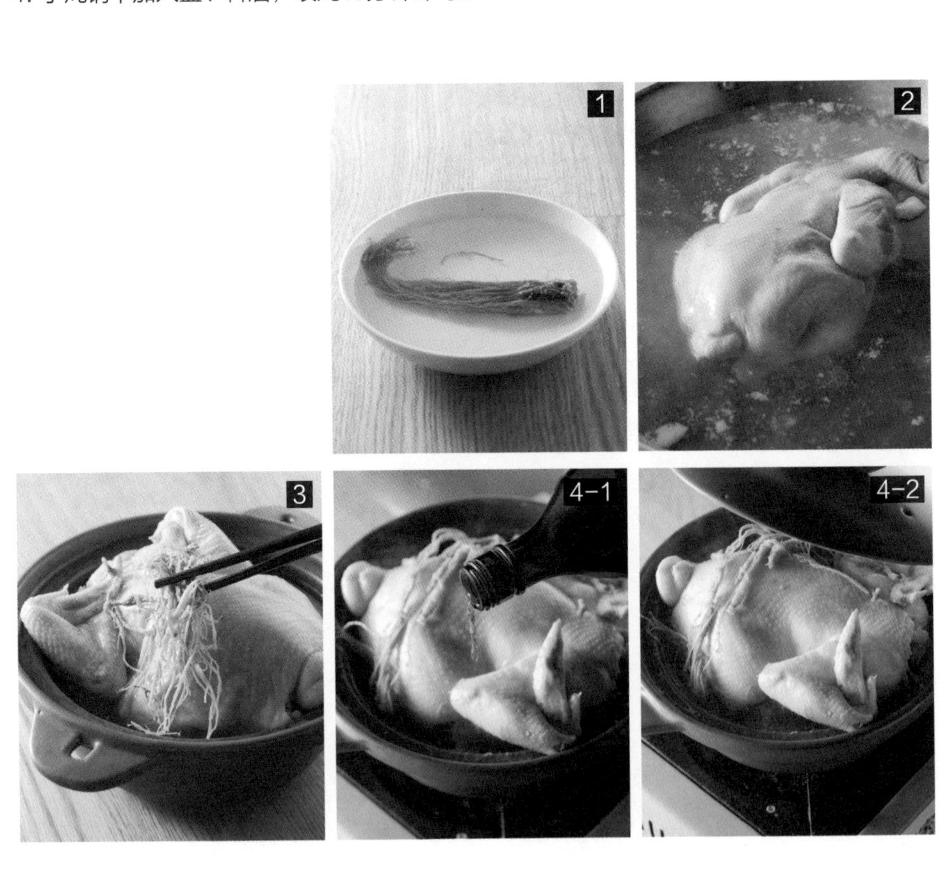

红烧海参

现代人形容宴席，往往要用上诸如“生猛海鲜”“参肚鲍翅”等固定词组，用以形容菜肴的丰盛与主人的慷慨。肚，指鱼肚，也就是花胶，是大型鱼类的鱼鳔干制而成；鲍，自然是鲍鱼；参，就是我们要讲的海参了。

如今，海参名列参翅鲍肚几大珍味之中，其名贵珍稀自然不需细说，而实际上，在漫长的历史长河中，海参倒并非一直都站在食物界的顶端。

中国传统上常将最为美味、珍贵的食物列为“八珍”，从遥远的周代开始，“八珍”之名未变，内容却数经变迁。最原始的“八珍”，是指“淳熬、淳母、炮豚、炮牂、捣珍、渍、熬、肝膋”。所谓淳熬，就是把肉酱煎熟，铺到大米饭上，做成盖浇饭；淳母与淳熬大同小异，只不过是把大米饭换成小米饭；炮豚和炮牂分别是烤乳猪和烤羊羔，先烤后炖，以小火炖上三天三夜，用酱、醋调味来吃；捣珍是反复捶打牛、羊、猪、鹿等动物的里脊肉，然后煮熟；渍是指用酒腌渍鲜牛肉，切薄片，用酱、醋和梅酱调味后生吃；熬，类似今天的五香牛肉

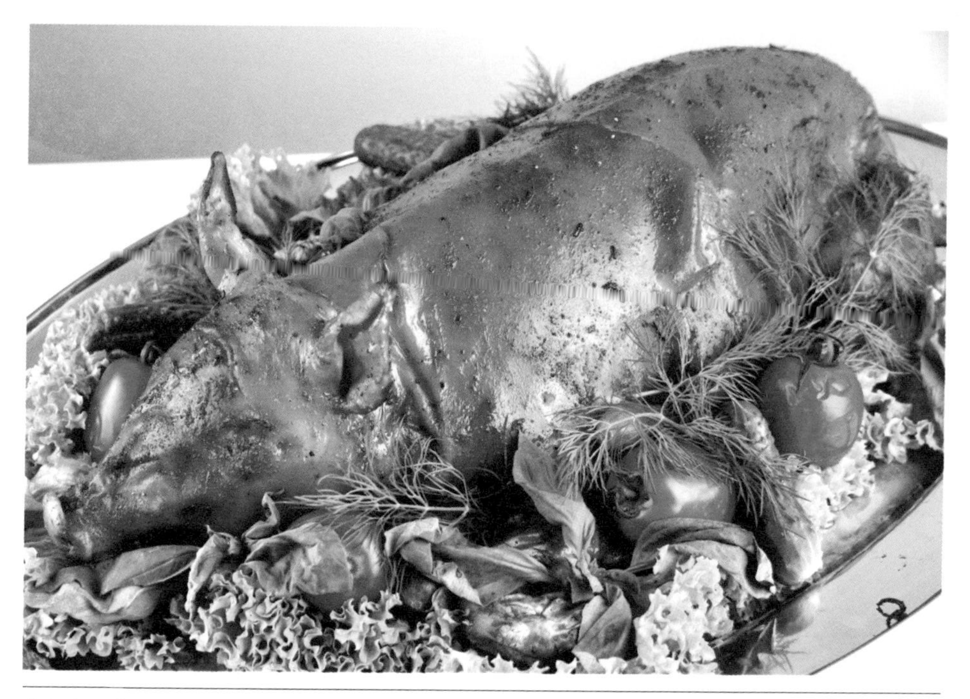

作为古代“八珍”之一的烤乳猪，在我国可谓历史悠久。南北朝时，贾思勰已把烤乳猪作为一项重要的烹饪技术成果而记载在《齐民要术》中了。其中写道，烤乳猪“色同琥珀，又类真金，入口则消，壮若凌雪，含浆膏润，特异凡常也”。到了清代，烤乳猪更是成为“满汉全席”中的主打菜肴之一。

干或肉脯；肝膋，乃是以狗的网油包裹一副狗肝，调味后放在炭火上烤至焦香而食。足见，在周代时，人们认为珍贵好吃的食物仍是以普通食材为主。随着时代发展，人们的猎奇心理愈演愈烈，便挖掘出越来越多的珍稀食材，“八珍”也逐渐演变成了以稀为贵的珍奇原料。

然而，宋代至明代时期，海参仍未进入珍稀食谱，甚至连名字都是到了明万历年间才正式有的。明代著名笔记著作《五杂俎》载：“辽东海滨有之，其性温补，足敌人参，故曰海参。”直到清朝，海参才正式进入“八珍”的行列，坐实了自己的高贵身份。

清朝美食家袁枚在其大名鼎鼎的《随园食单》中，先是傲娇地挑剔了一通海参的腥气，说“海参无味之物，沙多气腥，最难讨好”，接着却又话锋一转，

清代“海味八珍”

至清代，“八珍”已无固定模式，现以其中之一的说法——“海味八珍”为例，以飨读者。

淡菜（干贻贝肉、青口）

鱼肚

鲍鱼

海参

鱿鱼

干贝（干扇贝肉）

除上面6种外，海味八珍还包括鱼翅、鱼唇（鱼皮）。

仔仔细细地分享了4种海参烹调法，逐一表扬说“甚佳”。其中3种都是红煨，差别只在于配料选用。红煨要先泡去沙泥，用肉汤滚泡3次，然后以鸡汁、肉汁煨至极烂。配料或者用香蕈、黑木耳，或者用笋丁、香蕈丁，又或者用豆腐皮、鸡腿、蘑菇，都能将滑嫩海参与清爽素菜相结合，成就一盅鲜美之极的羹汤。另一种做法则适用于夏季，是用芥末、鸡汁凉拌海参丝。

凉拌海参较为少见，我未曾吃过，倒是在梁实秋先生的书里见过一次。梁先生说要将海参煮过冷却，切细丝，放进冰箱随吃随取。另外需预备一小碗三合油（酱油、醋、香油），一小碗芝麻酱，一小碟蒜泥，上桌时将调料浇在海参丝上拌匀，吃起来“既凉且香，非常爽口”，每每在夏日宴席上大受欢迎。

最为常见的海参做法自然还得算是红烧，梁实秋也曾满怀情意地追忆数十年前北京的淮扬馆子里的一道“红烧大乌”，这道菜放在上海同样名噪一时，只不过换了个名字叫“虾仔大乌参”。原料必须选用体积极大的乌参，以虾籽、冬笋烧至极为软烂、浆汁浓稠，吃时不能用筷子，要用汤匙，像吃八宝饭似的一匙匙地挑取。梁先生讲，“这道菜的妙处，不在味道，而是在对我们触觉的满足”。这正是海参入馔最大的妙处，红烧海参吃在嘴里，味道还在其次，而滑软细腻的触感简直是对唇舌的一大奖赏。若是火候把握得恰到好处，海参能在软烂之中保有一点酥脆的韧性，再配上香醇甘美的味道和红亮浓郁的卖相，才可谓色授魂与。

海参好吃，做起来却颇费工夫。若是能在市场上买到发好的海参，自然简单许多；如果买的是干参，则需要提前一天准备，更能展示主人的诚意。要泡发海参，须先将干参在冷水中泡3个小时，再换干净水于锅内，加料酒、姜片，烧开水后关火。等水冷了之后，剖开海参去除内脏，再换干净水，加料酒及姜片，烧开水后关火冷却。这样处理过后的海参，可以膨胀为干参的3倍，这才能用以烹饪美食。

与传统的豪奢食物鲍鱼、燕窝相比，海参显得更平民与朴素一些，但低调的外表却掩饰不了奢华的内在。它具有高蛋白、低脂肪、低胆固醇的特点，再加上肉质细嫩、易于消化，还含有大量胶原蛋白，实在是美容养颜、温补益肾的佳品。

红烧海参

材料：

海参……………………………2个
鹌鹑蛋…………………………10个
虾米……………………………20克
葱段……………………………20克
蒜末……………………………10克
高汤……………………………300毫升
胡萝卜片………………………20克
甜豆夹…………………………10个
水淀粉…………………………1大匙
食用油…………………………适量

调料：

豆瓣酱…………………………1茶匙
蚝油……………………………1大匙
盐………………………………1/4茶匙
白糖……………………………1/2茶匙
料酒……………………………1茶匙
香油……………………………1茶匙

制法：

1. 将海参洗净，切长条状后放入沸水中焯烫，捞起沥干备用。
2. 取一锅，倒入适量食用油，放入虾米、葱段、蒜末爆香，炒约1分钟后放入豆瓣酱略炒，再倒入高汤、海参和其余调料，以小火煮约10分钟。
3. 捞掉葱段，放入鹌鹑蛋、胡萝卜片，煮约3分钟后加入甜豆夹煮熟，最后以水淀粉勾芡即可。

小贴士：

1. 海参无味，需要让其吸收有特殊香味的食材，才能成就它的美味，所以材料中要加入虾米、葱段和蒜末等。
2. 感冒及腹泻患者，最好暂时别吃海参。
3. 海参是一种价格较高的海鲜产品，消费者如果不懂得如何鉴别海参的优劣，那么选择大品牌是比较实用的方法。
4. 传统中医认为，海参味甘、咸，性温，具有补肾益精、壮阳疗痿、润燥通便的功效，凡具有眩晕耳鸣、腰酸乏力、梦遗滑精、小便频数等症的患者，都可将海参作为滋补食疗之品。

笋菇猪肚汤

几年前曾经亲自下厨请两位外国友人吃饭，其中有一道笋烧腊肉，笋片如玉，腊肉切得肥瘦分明，一半胭脂红一半近乎透明，异香扑鼻，把他们齐齐镇住，直呼此味只应天上有，一直追问原材料是什么。

当时已近深秋，因为时令不对，所以我用的是妈妈寄来的笋干，两人用手翻捡着那些干巴巴皱缩缩的块状物，一脸不可思议和啧啧称奇，认为是某种神秘的东方香料。我搜遍脑海也想不出“笋”的英文名，只得笑着解释：“这是竹子的宝宝。”友邦人士惊诧万分，在他们印象里竹子异常坚韧，只合用来晾衣服和盖吊脚楼，能吃竹子的东西恐怕只有大熊猫。那几片笋被翻来覆去研究良久，最后全都祭了他们的五脏庙。离开的时候，女孩一脸迷醉地对我说：“中国的食物真神奇，我觉得自己变成了可爱的熊猫。”

与西方人对笋的无知无觉正相反，早在几千年前，中国人就已经发现了笋。这种食物味美而易得，因此不论贵贱，人人皆爱之。生长在南方的孩子，想必很

笋是竹的幼芽，中医认为，其性微寒、味甘，具有清热消痰、利膈爽胃、消渴益气等功效。现代医学则认为，笋富量纤维素，能促进肠道蠕动、去积食、防便秘，是减肥的好食品。

多都有跟着长辈在林下寻觅笋的童年记忆。《诗经·大雅·韩奕》曰："其蔌伊何，惟笋及蒲。"这首记录"韩侯"生活的诗里，把笋与"炰鳖鲜鱼"一起列为贵族们享用的珍馐。以画竹著称的郑板桥亦深知笋之味，他在诗中写道："江南鲜笋趁鲥鱼，烂煮春风三月初。"大概在观竹画竹的过程中，郑板桥也没少挖笋充饥。

笋分季节，有春笋、冬笋之分。春笋要及时挖取，它长得极快，稍一迟疑就老了，变柴变涩，质地如竹。和雨后就露尖的春笋相比，冬笋更难寻，因为深埋在土壤下，得顺着大竹的"竹鞭"沿途挖寻，没有经验的人即使守着一片竹林也难得一根。但冬笋比春笋更香，因其更为幼嫩之故。旧时北平人爱吃冬笋，又因从南方运来，计价尤为金贵，一盘加了冬菇同炒的"烧二冬"就能卖出肉价，当时市面上还以东兴楼的"虾子烧冬笋"、春华楼的"火腿煨冬笋"最为有名。

不过，俯仰皆是的笋又有它专属的娇气，当季的笋鲜过鸡豚，但这嫩劲儿太容易消逝，即使放进冰箱，也得在断口抹上一层盐，稍许延缓它的衰老。只要一过季，笋就开始发涩发苦，吃的时候要用清水浸泡，祛除杂味。为了一年四季都能吃上笋，人们把笋制成笋干保存，食用之前要长时间泡发，但滋味已不及鲜笋

将笋去壳切根修整，再经过高温蒸煮、清水浸漂、压榨成型、烘干等多道工序之后即成笋干。笋干具有色泽黄亮、肉质肥嫩的特点，且含有丰富的蛋白质、纤维素和氨基酸等营养元素。

远矣，适合与油厚肉肥的食材一起吃，让水发笋吸饱油，增加香味。

李渔向来会吃，他认为"论蔬食之美者，曰清、曰洁、曰芳馥、曰松脆而已"。在《闲情偶寄》里他大肆赞扬笋为蔬食中第一品，就连"肥羊嫩豕"都没法与之相比，极致的做法一为白水煮，只蘸些酱油，以品其原味；另一种则是与猪肉一同烹饪，其他肉类一概不合宜。

事实上用猪肉炖汤易柴，广式煲汤中常用瘦肉，但只喝汤水，肉则弃之，而猪肚则不然，它一向被当作滋补的佳品，爆炒煨炖皆宜，味美且富于营养。家乡人喜欢将一副猪肚挂在灶头，时间长了就成了腊味，到过年时拿出来细细切丝，与青、红辣椒用大火急炒，那冲鼻的香味总让人忍不住打几个喷嚏，几乎要冲出院子去。用来炖汤的猪肚柔软而不失韧性，因为不肥也不瘦，所以煮成的汤水清澈鲜香。

古人常以猪肚入药，清朝人王士雄写《随息居饮食谱》，记录多种食补佳品，其中提到"猪肚煨糜，频食，同火腿煨尤补"。当时秉承"以形补形"的传统，用猪肚来治疗虚损和腹泻之类的疾病，虽说这类观点并无科学依据，但今人起码可以了解到猪肚中含有大量的钙、钾、钠、镁、铁等元素，胜过猪肉很多，此外各种维生素和蛋白质含量也很丰富。

炖猪肚汤最宜用绿笋，这种笋色泽明丽、形似马蹄，故又叫做马蹄绿笋，以福建中、北部所产为最佳。用绿笋与香菇炖猪肚，荤素搭配得刚刚好，香菇饱吸猪肚的油脂，绿笋提升汤味的清甜，而主料猪肚要炖得入口绵软不失韧性。尤其在冬日，出锅时撒上些许胡椒粉，喝汤食肉全身暖，沁得人从头到脚通透舒服。

笋菇猪肚汤

材料：

罐头珍珠鲍……1罐
猪肚……1个
绿竹笋……1根
香菇……6朵
姜片……6片
水……1600毫升

调料：

盐……1小匙
料酒……1小匙

洗猪肚材料：

盐……1小匙
面粉、白醋……各适量

制法：

1. 将猪肚先用盐搓洗，内外翻过来再用面粉、白醋搓洗后洗净，放入沸水中煮约5分钟，捞出浸泡冷水至凉后，切除多余的脂肪，切片备用。
2. 将绿竹笋洗净，切片；香菇洗净，对切备用。
3. 取一锅，放入珍珠鲍、猪肚片、绿竹笋片、香菇、姜片、料酒和水，放入蒸锅中蒸约90分钟，最后加盐调味即可。

花生凤爪汤

好像除了中国人，别处的人都不那么爱啃食动物身上那些犄角旮旯、筋头巴脑的部位。外国人动辄将动物的头颅脚爪一并砍去，仿佛天生下来就是一块四四方方摆在超市里的肉，不仅将羽毛鳞片统统去了个干净，骨头都只剩下T骨牛排里那一大块工整老实的脊椎。

中国人从不这样，而是认为每种动物都“全身皆是宝”，从头到尾自然不能放过：内脏是无数人津津乐道的，如卤煮、炒腰花、九转大肠、夫妻肺片等，品种繁多、变化万千；即使是动物血液都能炮制出一碗碗鲜嫩柔滑的毛血旺；更别提那些犄角旮旯里、骨头支棱的部位了，祖国各地成千上万家卤味店可都指着这些鸭脖、鸭锁骨、鸡爪、鸡架撑着门庭若市的生意呢。

说起啃食这些古怪部位，原是三国时的杨修形容得最为贴切——“食之无味，弃之可惜”。我揣摩着，中国人最开始吃它们，多半是因为勤俭节约的天性，后来发展到将各色零碎烹调出万般美味，才是源自美食大国的吃货本能。

中国饮食文化博大精深，精深处不仅在于创制出许多奇珍佳肴，更在于能将许多廉价的、本该丢弃的东西制成美味，并传承千载。这是庶民的胜利，是人民智慧的体现。图中为北京王府井小吃一条街，普通的市民在这里享受着各种美食所带来的生活乐趣。

鹅、鸭体积大，掌肉也肥厚，自古以来便是南北通吃的名馔。自唐以降，中国人就十分喜爱食用鹅掌，还为之发明了不少残忍的烹调法。清代许多人都曾记载“活鹅取掌”，吃法大同小异，多半是将活鹅装在笼中，置于烧烫的铁板之上，喂以酱油、料酒等各色调料，直到鹅掌烙熟。据说，这样烫熟的鹅掌厚度能达寸许，吃起来异常肥美，是天下至味。虽然鹅掌好吃，但这样的炮烙之法毕竟太过残忍，想想也令人头皮发麻。

鸭子相对较为幸运，没被开发出千奇百怪的刑罚，但一双脚掌也同样是无数人惦念不已的下酒菜。唐鲁孙写过一味“天梯鸭掌”，用清水和黄酒把鸭掌泡发，抽去筋骨，以火腿、笋片抹上蜂蜜后夹住鸭掌，一起用海带丝扎起来，小火蒸透来吃。火腿的油和蜜，慢慢渗过鸭掌笋片，最后达到“腊豕笋香，曲尘萦绕”的效果。除这等颇费工夫的大菜之外，北方常见的下酒菜则是将鸭掌脱骨后放滚水里一烫，以芥末凉拌，爽口冲鼻、脆韧耐嚼。

同是家禽脚爪，鸡爪的待遇却跟鸭、鹅大不相同，许是因为它实在只有薄薄的一层皮，极度难啃，吃相容易难看，又着实咬不到两口肉，所以即使在天性俭省又好吃擅吃的中国人食谱上也占不了一席之地。唯独炖整只鸡时，因着“弃之可惜”的道理自然不能随意丢弃，遂通常将鸡腿夹给桌上老小，美其名曰“捞钱爪”的鸡爪则赠与家里顶梁柱——想是因为实在难啃，只好强行塞给成年男子。

最开始将鸡爪特地收集了来吃的似乎是广东人，倒也不愧于他们“什么都吃”的名声在外。和其他食物一样，名字不好听的，总要将之美化。南方人觉得苦字不吉利，便把苦瓜叫做“凉瓜”；北方人觉得蛋字不好听，就管鸡蛋叫“鸡子儿”或“黄菜”。于是，鸡爪就成了“凤爪”。广东人将那薄皮没肉的鸡爪以烹鸭掌古法照样炮制，又煮、又炸、又冰、又蒸，百般调摆，才让豉汁凤爪成为早茶桌上必不可少的经典粤式点心。广东每家茶楼都有凤爪，红润油亮的蒸上一小盘，抿上一口便骨脱肉化，滋味更是醇美之极。

蜀地的泡椒凤爪风味截然不同，它皮韧肉香，更有嚼劲，吃起来也是酸辣

以鸡爪为原料的菜品有很多种，中国大江南北都有。左上图中的是红烧凤爪，右上图中的则是凤爪香菇汤。

爽口，比之广东版的凤爪更适合佐酒，一口酒一口凤爪，慢悠悠地可以吃上大半夜。湖南人也爱吃凤爪，湘菜与粤菜看似一则香辣一则清淡南辕北辙，实际上因是邻省，很多菜肴根底上无甚区别，不过是加不加辣的抉择罢了。凤爪也不例外。湖南版的凤爪与广东版的凤爪一般软烂脱骨，入口即化，只是在卤汁里加了念念不忘的一口辣味，烧灼出一路火辣辣的豪爽情意。

粤菜中最无可辩驳、居首要地位的始终是“老火靓汤”。为你煲一锅靓汤堪称广东人表达爱意的最高形式，为此，他们不惜加足材料、想尽花样，再以小火炖出一片暖意融融的关怀。广东靓汤有各色补这补那的固定搭配，花生凤爪汤就是其中一款传统经典的美味。这道汤有满满的胶原蛋白，能滋养皮肤，又能温补调气、润肠丰肌；同时，它还没有过多油脂，清爽可口，最适合女性食用。

姑娘，若是哪个男人能陪你啃遍吃相难看的鸭脖、凤爪、小龙虾，又能每天为你端出一碗热汤的关怀，那就嫁了吧。

花生凤爪汤

材料：

鸡爪……20只
带皮生花生仁……100克
水……800毫升
姜片……3片
葱段……2段

调料：

盐……1/4茶匙
白醋……1大匙
白糖……2茶匙

制法：

1. 将带皮生花生仁用水浸泡3小时。
2. 将鸡爪洗净，切去指尖后放入沸水中焯烫，捞起沥干备用。
3. 取一锅，放入花生、鸡爪，再加入姜片、葱段和水，以小火炖约1小时后，加入所有调料，拌匀煮沸即可。

蚝油蒸鲍鱼

作为“席面高贵”的一张金字招牌，与海参同列四大海产之中的鲍鱼，价格仿佛已无上限。同清代才忝列“八珍”之一的海参不同，鲍鱼自古以来就是“贵族身份”，《后汉书》中就有将鲍鱼作为进献给帝王的贡品，或作为恩赐给属下的礼品而流转在王公贵族之间的记载。

古人称鲍鱼为鳆鱼，晋人郭义恭在《广志》中描述它的长相：“鳆无鳞，有一面附石决明，细孔杂杂，或七或九。”“石决明”是传统中药，其实就是鲍鱼壳，一面粗糙难看，另一面却有珍珠般的彩色光泽，从前民众用它疗病却没有尝过其中肉的滋味，就把鲍鱼叫做“石决明肉”，也因为我国土产的鲍鱼壳上有9个孔洞，故鲍鱼又名“九孔螺”。《南史·齐书》里写，有人送给朝廷重臣褚彦回30只鲍鱼，当时他虽然地位很高，实则没什么钱，于是有个门生对他说：“不如把这些鲍鱼卖了支持家用。”文中还说“时淮北属，江南无复鳆鱼，或有间关得至者，一枚直数千钱”。按照时价，那30只鲍鱼“可得十万钱”——而当时的

鲍鱼的贝壳是石灰质的，孔数随种类不同而异，正文中所说的有9个孔的鲍鱼一般分布于中国南方沿海地区。将鲍鱼壳经炮制加工后即成中药材“石决明”，具有平肝清热、明目去翳的功效。左图为鲍鱼壳的光滑内壁，孔洞清晰可见；右图即为石决明。

人即使砸锅卖铁，全副家当加起来恐怕也没有几万钱之多。

两汉至南北朝时期鲍鱼已经相当流行了，篡汉的王莽就是个“鲍鱼控”，他一旦心情不好就吃不下饭，唯独要一边饮杜康酒一边大啖鲍鱼。三国时的曹操也爱吃鲍鱼，他的儿子曹植在他死后，写悼文《求祭先主表》，中间提到：“先主喜食鳆鱼。”曹丕登基后，还写信给孙权，说到自己得了千枚鲍鱼的事情。

《三国志·魏志》记载过“倭国人入海捕鳆鱼”之事，及至宋代，市面上已经能吃到日本鲍鱼，苏东坡还写有《鳆鱼行》一诗：“东随海舶号倭螺，异方珍宝来更多。”时至今天，鲍鱼的养殖业日益发展，生鲜鲍鱼已经不再昂贵，不过也失去了野生时的味道。如今市面上真正的极品鲍鱼，都是经过秘制的干鲍，好的干鲍不但风味不减，相反能将滋味的精华深锁其中。将干鲍水发之后煮食，色泽晶莹透亮，会发现味道比鲜时更浓，香味也数倍于鲜鲍鱼，嚼起来的口感则是嫩中带韧、滋味醇厚。

以日本人的严谨和敬业，其将干制鲍鱼事业发展成一种艺术，最名贵的日本鲍鱼是产自千叶县与清森县的网鲍，岩手县的吉品鲍次之，如今这种“异方珍宝”已经是一枚千金了。按照港人的习俗，鲍鱼的大小以“头”来计算，其实就是指港秤的一斤能装几只鲍鱼为标准，传说中的“千金难买两头鲍”，就是说一斤只两枚的大个干鲍。因为常年捕捞，又由于近年日本地震、海啸频发，鲍鱼的栖息地也受到了破坏，据说大个的鲍鱼近5~10年都难以收获，所以现存的两头或三头干鲍已经近乎天价。

鲍鱼名品中，能与日系干鲍分庭抗礼的，是一种由华人发明的“溏心鲍”，从前看港剧《溏心风暴》，很长时间里都对这道名贵菜式垂涎三尺。与普通干制鲍鱼的制作手法不同，溏心鲍用多次晒干的方法，使鲍鱼外表干硬，内心却柔软。端上桌来，用刀轻轻划开鲍肉，就会发现其内里犹如溏心蛋一般，仿佛要流淌出鲜浓汁液，嚼上去还能微微黏住牙齿，味道比其他品种的鲍鱼更甜。

有了好的干鲍，要吃起来也十分繁琐，干制鲍鱼不易，发鲍鱼也是一件技术活。要用没有沾油的器皿水泡24小时，让它自然胀大，恢复原状，仔细清洗之后再用蒸笼蒸上10个小时，接下来才能进行烹饪。不过对于真正会吃的饕客们来说，其耗时愈长，令人对美味的期待也愈盛。

鲍鱼的做法多样，顶级料理必然取其原味。听说一位料理大师的鲍鱼，从头到尾需要整7天，放入砂锅之后，还要用秘制高汤以不同大小的火候烹煮48个小时。比起这种繁琐精细，蚝油蒸鲍鱼就是一种家常做法了，不论鲜、干，只要将鲍鱼用调配好的料汁浸透，再大火蒸熟即可。味美简单，又十分精致，居家宴客最是方便。

以鲍鱼宴客，所请的必然是贵客。1972年，时任美国总统尼克松访华，就曾在隆冬季节的国宴上吃到了新鲜捕捞的鲍鱼。这么说起来，这道宴客菜还为中美建交出了一把力呢！

蚝油蒸鲍鱼

材料：

鲍鱼……1只
葱……1根
大蒜……2瓣
杏鲍菇……1个
蚝油……1大匙

调料：

盐……适量
白胡椒粉……适量
料酒……1小匙
香油……1小匙
白糖……1小匙

制法：

1. 将鲍鱼洗净，切成片状备用。
2. 将葱洗净，切段；大蒜、杏鲍菇均洗净，切片备用。
3. 取容器，放入所有调料，混合拌匀备用。
4. 取盘，先放上鲍鱼片，再放入葱段、杏鲍菇片和蒜片，然后淋上蚝油和拌好的调料汁，用耐热保鲜膜将盘口封起来。
5. 连盘放入蒸锅中，蒸约8分钟至熟即可。

菠菜炒猪肝

五脏六腑皆美味。作为美食大国的法兰西将鹅肝奉为无上至尊，俄罗斯人爱吃猪肝、牛肝，瑞典人则将猪油、猪肝一同熬酱蘸面包吃。中国人从来都对食用动物内脏毫无障碍，自然更不会轻易放过酥融香浓的猪肝。

北京人爱吃炒肝，唐鲁孙在晚年的忆旧之作里曾满怀深情地追忆过这一京城名吃。说是炒肝，实际既不是炒的，主料也不全是肝。做法是先将熟猪肠放入沸汤，加葱、姜、蒜和口蘑汤，然后将生肝条放入锅中烩，以水淀粉勾芡，最后撒上一层碾好的蒜泥。做好之后的炒肝肝香肠肥，极细腻的蒜蓉融入汤汁之中，油亮酱红、味浓不腻、香气扑鼻。据说，地道的北京人喝炒肝从不用筷子或调羹，都是一手托着碗底，转着圈往下“唏噜”，让炒肝自然流入口中，一碗炒肝从容不迫地喝完，碗内还能不留痕迹。外地人如我自然是无法熟练掌握这一技巧的，还是老老实实拿勺舀着吃为妙。

在成都吃过一碗至今让我念念不忘却又偏偏没在别处吃过的竹荪肝膏汤，那

炒肝是北京传统名小吃，具有味浓不腻、稀而不澥的特色。据考证，炒肝是由宋代的“熬肝”和“炒肺”发展而来的，以猪的肝脏、大肠等为主料，以蒜等为辅料，再以淀粉勾芡而成。吃炒肝时，沿碗周围抿并搭配着小包子一起吃，才是讲究的吃法。

汤十分澄澈清亮，配着柔软洁白的竹荪，中间沉着一块极细腻柔嫩的肝膏，就像是一方精致滋润的端砚沉于溪水之中，光是看着就带了几分诗意。汤是绝顶鲜美的鸡汤，猪肝入口即融，吃到嘴里更是滑香无比。回家之后，因实在对这道汤牵肠挂肚、难以忘怀，也曾想过自己在家试着做一做，查了查制作方法却当场放弃了——实在过于繁复，看一看已觉头大如斗。我查到的方子是唐鲁孙先生说的：“做一份肝膏汤要准备鸡蛋三个，中号土鸡一只，上等猪肝十二两，葱、姜、盐、酒、白胡椒粉、细菱粉各少许备用。先把猪肝刮成细泥，鸡蛋打碎起泡，土鸡煨汤去油，先盛出一半晾凉，锅里留下一半鸡汤小火保温，葱、姜切细末与肝泥搅和后加细盐、酒，连同打碎的鸡蛋一齐放入已经晾凉的鸡汤里搅匀，然后把搅匀的肝泥用纱布漏去渣滓，放在笼屉里蒸十五分钟至二十分钟，此时肝泥已经凝而未固，用竹签试戳，竹签上不留血迹即可，肝膏蒸好盛入适量用开水烫过的碗里，立刻把火上滚开的清鸡汤，慢慢浇在肝膏上，此时的肝膏越细越嫩越容易被热鸡汤冲裂破碎，那就要看个人的手法了。”同样热爱这道菜的四川人张大千还补了个注意事项，蒸肝膏时，需在蒸锅盖内多垫几层干纱布用来吸水汽，这样才能让肝膏表面不被蒸汽滴水溅出坑坑洼洼，以保持平滑细腻的模样。

春秋时期，楚王熊渠自称“我蛮夷也”，成了第一个无视周天子威严的诸侯，从古至今，楚人身上便多少带着些蛮气。湖南一带民风劲直勇悍，与天斗、与地斗、与人斗，一不小心，就孕育出了霸蛮、顽强的性格，也就是许多人所说的匪气——某种英雄和强盗的混合气质。湘西土匪名闻天下，也是自此而来。湘西人霸气豪爽、野性十足，爱吃的菜便也多少带上了这般性格，“土匪猪肝”便是其中之一。乍听这个菜名实在有些唬人，但你可千万别被吓退，这实在是一道非常美味的湘西名菜。这道菜要将猪肝切片，略焯水，而后配上红辣椒、青蒜，以大火热油爆炒。猪肝外焦内嫩、香辣霸气，还没出锅，香气就已经热辣辣地扑面而来，光从这道菜就完全可以领略到湖南人的热情豪放。

梁实秋先生也爱吃爆炒猪肝，但让我印象极深的，却是他为悼念亡妻所作的《槐园梦忆》中写到的一味菠菜炒猪肝。文中写他的妻子程季淑独自带着三个孩子从北平辗转到四川，途中“在道旁小店就食，点菠菜猪肝一盘，孩子大悦，她不忍下箸，唯食余沥而已”。一盘菠菜猪肝，承载了几许深沉母爱，又凝结了梁先生对亡故爱妻的无限深情，读之令人动容不已。

中国人讲究养生之道，食物不光要美味诱人，最好还能对健康有所裨益。猪肝含有丰富的铁、磷等微量元素，能补肝、养血、明目；菠菜的蛋白质含量高于其他蔬菜，且富含维生素K，也能补血养血。将猪肝与菠菜搭配同炒，其补铁补血的效果更好。常吃此菜，可以让女人面色红润美丽，还能防止老人、幼儿贫血，实在是一道不折不扣的食疗良方。

菠菜，原产于波斯（今伊朗），故又名波斯菜，唐朝时由尼泊尔传入中国。传统中医认为，菠菜具有养血、止血、敛阴、润燥等功效，可用于辅助治疗衄血、便血、消渴引饮、大便涩滞等症。

菠菜炒猪肝

材料：

猪肝……150克
菠菜……300克
大蒜……2瓣
食用油……适量

腌料：

料酒……1茶匙
酱油……1茶匙
水……1大匙
淀粉……1/2茶匙

调料：

盐……1/2茶匙

制法：

1. 将猪肝切片冲水，加入所有腌料搅拌均匀，放置15分钟。
2. 将菠菜洗净，切小段沥干；大蒜洗净，切片备用。
3. 煮一锅水，将猪肝片焯烫至八分熟后，捞起沥干备用。
4. 取不粘锅倒入食用油后，爆香蒜片，先放入菠菜段略炒，再加入猪肝片拌炒。
5. 加入盐略微拌炒盛盘即可。

百合烩鲜蔬

中医学自炎黄始，几千年来都以世间百物入药，从动物、植物，到矿物、土石，甚至还有些令人难以置信的奇怪物种。现如今的人动辄坚壁清野，信西医的人视中医为巫傩，讲养生的人又觉得西医冰冷残酷，事实上根本无需如此划清界限。

上古时民生多艰，《淮南子》中写道："神农尝百草之滋味，水泉之甘苦，令民知所避就。当此之时，一日而遇七十毒。"姑且不论神农氏是否真有其人，他的行为本身就是一种对食物的追寻尝试——那时候我们的祖先面对危机四伏的世界，一定有一个艰难而漫长的过程，在浩浩林海中寻觅可以果腹之物，想必有无数人因误食毒物而丧命，终于慢慢形成了一个完整的食物体系。他们精心培育那些可以食用的植物，逐渐改良它们，学会耕种与收获，才使得人类文明从微弱的星火绵延至今。

这何尝不是人的一种动物本能？养宠物的人都知道，很多时候猫狗都会去草从中嚼几棵草，啃两朵花；研究者曾见怀孕的母象啃食树叶来催产，而林间的狒狒亦会用某种粗粝的植物来对抗体内的寄生虫。可见，野生动物都有某种寻觅草药的本能。即使到今天，人类的医学知识多多少少也是从动物身上学习而来的。

而那些古人觅得的植物中，有的成为了后人的主食，有的则变成了“药物”，不外乎麦米清淡能饱腹，菜蔬丰肥而易得，果品滋味丰富且甜美——而药物也许辛辣、苦涩，甚至有些含有毒性，难以日常食用，却能医治某种疾病。更多的植物则是食性、药性兼而有之，隋代杨上善所撰的《黄帝内经太素》中写道，“空腹食之为食物，患者食之为药物”，十分贴切。

因此，中医认为，“药食同源”“食物病人服之，不但疗病，并可充饥”，是有充分的科学依据的。很多花花草草，平日装点生活，以之入馔亦是养生，更兼风雅之事，百合便是其一。南北朝时，国人已经开始种植百合，其花香美，在园圃之中极为动人，所谓“甘菊愧仙方，藂兰谢芳馥”，此名不虚。

以花朵为食，古人相当在行，屈子的《离骚》里已经有“朝饮木兰之坠露兮，夕餐秋菊之落英”之说，后继各种食谱中以花入馔更是琳琅满目，思之令人神往。不过百合花样子虽美，吃起来味道却似乎一般，不如菊花、玫瑰之类清甜入口。但是人们很快发现，百合根茎丰满雪白，品之微苦而回甘，可以食用，亦可药用。

秋季食用百合最好，能滋阴润肺。有一年重阳节，在外婆家住，傍晚时秋风突起，我因贪玩在水塘边待得太久，到晚间就咳嗽不止。第二天一早，饭桌上就多了一样暖暖的冰糖蒸百合。本以为这是外婆给我打牙祭的，没料到我只吃了两天，便觉得咳嗽好了许多。后来偶读清宣统时翰林院侍读学士薛宝辰所著的《素食说略》一书，发现里面就记载过这个方子，说它具有清心安神、润肺止咳的功效。现在的广东人仍爱用百合做成糖水甜点，既养生又润口，适合南方燥热之地。

现如今，做菜讲究低脂少油、荤素搭配，百合老少咸宜，尤其适合在宴请中作为素食点缀。又因为百合味道清淡、甜咸皆宜，所以做法多种多样，如西芹百合、南瓜百合、百合炖梨、银耳百合汤……都十分可口。

↑在中国的饮食文化中，兼具药性与食性双重作用的又何止百合，何止各种花卉。茄子、胡萝卜、大蒜、番茄，俯仰皆是。

← 作为药食两用的百合，是指百合科百合属多年生草本球根植物百合的鳞茎部分，富含蛋白质、淀粉、B族维生素、维生素C，以及钙、磷、铁等微量元素。

宋代郑谷的《清异录》里有一种吃食叫做“云英面”，作者应该是曾在书法家郑文宝的家宴上吃到过的，并写道：“予得食，酷嗜之。”于是，他请求郑文宝分享一下做法，原来此“面”非真“面”，而是将藕、莲子、荸荠等蔬果混合，与肉一道蒸烂捣碎，其中就要配上百合，再加上糖与蜜，继续用石臼捣，待变细变黏方收手，取出置于器皿之中，待冷硬之后用刀切食。看起来这是古人的某种甜点，大概一如现在的云片糕或米糖，色泽白皙细腻，形似面点，味道想必不错。

细细品味这方子倒也有趣，这不就是另一种“百合鲜蔬”么，只是做法繁琐罢了。如今操作快手菜宴客，只需挑选各色当季蔬菜，如西蓝花、菌菇、胡萝卜、白果等与百合烩作一锅，不过几分钟就能上桌。装在盘中，可见红、白、黄、绿，色泽极为漂亮；更兼口感层次多变，只需一道菜就能满足全桌人的不同喜好，何乐而不为呢？

百合烩鲜蔬

材料：

西蓝花……150克
新鲜百合……100克
白果……35克
葱……1根
蟹味菇……50克
胡萝卜……适量
姜……适量
食用油……适量
高汤……250毫升
水淀粉……适量

调料：

A：
盐……1/2小匙
鸡粉……1/2小匙
料酒……1小匙
B：
香油……适量

制法：

1. 将所有材料洗净，百合剥开；胡萝卜切条；葱切段；姜切片；西蓝花切小朵。
2. 将胡萝卜、西蓝花、白果、蟹味菇分别焯烫至熟；西蓝花摆盘，备用。
3. 热锅，倒入适量的食用油，将葱段、姜片入锅爆香，加入白果、百合炒约2分钟后，再加入蟹味菇、胡萝卜条及高汤。
4. 待汤汁沸腾后，加入调料A拌匀，再以水淀粉勾芡，起锅前淋上香油，盛入摆好西蓝花的盘中即可。

萝卜丝鲫鱼汤

常言道“靠山吃山，靠水吃水”，具体到食用水族的问题上，则是靠海吃海鱼、靠江吃江鱼。海产暂且不论，在淡水河鲜之中，亦有喜好偏颇。除去刀鱼、鲥鱼、河豚一类昂贵品种，常出没于我们小老百姓餐桌的种种平民鱼类，大体而言，是北人推崇鲤鱼，南人更好鲫鱼。

也就是从北宋亡于靖康之时，江南一隅兴起千年繁华，鲫鱼也从名不见经传的草莽出身一跃上了正席，成为许多酒家菜馆的名菜佳肴。据南宋《梦粱录》《西湖老人繁胜录》记载，当时临安的菜馆常见的鲫鱼菜肴有“鲫鱼脍”“两熟鲫鱼”“蒸鲫鱼”等。值得一提的是鲫鱼脍。“脍”通常是指将鱼、肉切成细丝生吃。这鲫鱼脍却另辟蹊径，并非生吃鲜鱼片，而是把大鲫鱼腹部开口去内脏，将花椒、香菜等调料塞入鱼腹，外表用盐、油、酒反复擦抹，腌渍三天，然后放入瓷瓶封妥，一个月后鱼身变成红色再切细丝来吃。这般看来，倒有些像上过《舌尖上的中国》的湘西“腌禾花鱼”，只是现代人更喜欢将腌好的鱼再蒸或再烧，之后再食用，古代人却更爱生吃，想来亦是别具风味。

元朝大画家倪瓒也爱吃鲫鱼，然而，倪先生作为中国历史上最有名的“洁癖强迫症患者”，想是接受不了食用腌渍一个月的生鲫鱼，便谆谆记载了自家食谱里一道繁复精致的“鲫鱼肚儿羹”。要挑选小而嫩的鲫鱼，将腹肉切成连而不断的蝴蝶形，用葱、椒、盐、酒略腌渍；将切剩下的鱼头鱼背熬成奶白色浓汤，捞掉肉弃用；再将丰腴的蝴蝶形鱼腹肉入汤中略略焯烫，细细摘去繁多骨刺，再调味食用。倪瓒是无锡人，我在如今的无锡没见过这道菜，倒是曾在千里之外的湖南岳阳吃过一道与之极为相似的湘菜名品——“蝴蝶飘海”。此菜一般是将丰腴鱼腹切作蝴蝶形，再以鱼汤略略烫熟食用，唯一的不同恐怕是蝴蝶飘海通常选用乌鱼，许是因其骨刺较少，不需要专人摘刺也无鲠入喉头之虞。

但这般大厨精心炮制、美轮美奂的蝴蝶飘海，在我看来，究竟还不如在洞庭湖上吃的那一碗渔夫俗子随手煮的鲫鱼汤。八百里洞庭浩瀚无际，湖面上自古以来便来去着无数渔家，虽近年来政府推行渔民上岸政策，许以种种补贴优惠，但尚有许多渔人因习惯了“一蓑烟雨任平生”的恣意，死活不愿上岸定居。

他们祖祖辈辈生活在船上，到了饭点，顺手把打上的鱼开膛洗净，就用湖里的水烧制，叫做“湖水煮活鱼”，味道只取一个“鲜”字，便足够令人食指大动、食欲大开。我有幸曾在碧水盈天之间吃过这样一锅鱼汤，渔家也只随随便便拎出了几条鲫鱼，“啪”一声闷响摔死在船板上，而后就在船尾洗涮干净。鲜活的鱼，哪怕已开膛破肚，眸子仍是亮的，全无超市中鱼类的浊气，时而还会扭动一下身子，在案板上拍出一声响动。船上调料不多，只取几片老姜和鱼一同下锅稍煎至微黄喷香；另取一锅烧水，待水滚沸，投鱼入水煮将起来；汤水眼看着就变白变稠，撒些盐下去，将鱼煮透即可。整道菜也不过破费盐、姜两味调料，却毫无腥气、鲜美至极，鱼汤清亮白透，鱼肉软嫩如玉，一口下去，滚烫鲜嫩、爽快无比，真如上海话形容的那般——鲜到眉毛掉下来。

由是才知，世间一切美味都出自本味，都是最易得却又最难得之物，易得如不费吹灰之力成就的一锅绝色鱼汤，难得如能在天地之间一小舟上啜饮一碗鲜香，真正是大造化也。

鲫鱼简称鲫，俗称鲫瓜子，是一种以植物为食的杂食性鱼类，其肉质细嫩，营养价值很高，富含蛋白质和脂肪，还含有大量的钙、磷、铁等微量元素。中医认为，其性平、味甘，具有和中补虚、健脾益胃等功效。

做鲫鱼汤，关键要有鲜活的鲫鱼，若是买不到活鲫鱼，则这道菜不做也罢。袁枚也说，“鲫鱼为汤，先要善买”。又说，鲫鱼要选“扁身而带白色者”，这样的鱼肉才嫩而松软，易于卸骨。

鲫鱼汤滋味清淡鲜美，万不可用味重的食材盖过了那股天然的无双鲜味，或用豆腐，或用萝卜，堪堪能烘托出鱼的软嫩肥鲜，又不破坏个中真味。豆腐鲫鱼汤最是清美动人，汤汁、鱼肉、豆腐俱是颤颤巍巍、白白嫩嫩，一口一口都是直滑入喉的柔滑鲜嫩。萝卜丝鲫鱼汤则更适合冬季食用，人常说“冬吃萝卜夏吃姜”，这道汤品既能补气血、温肠胃，还有消脂瘦身的美妙效果。更何况，鲫鱼的鲜美加上萝卜丝的清甜，简简单单就能让人喝到幸福的滋味，根本停不下来。

萝卜丝鲫鱼汤

材料：

鲫鱼……2条
白萝卜……1根（约400克）
葱花……20克
姜片……20克
水……1000毫升
食用油……适量

调料：

盐……1茶匙

制法：

1. 将鲫鱼去除内脏后洗净，再沥干水分。
2. 将白萝卜去皮，洗净，切丝。
3. 热一锅，倒入适量食用油，放入鲫鱼、姜片，以小火将鲫鱼煎至两面呈金黄后，加入水和白萝卜丝，以中火煮至汤汁变白，最后加入盐、撒上葱花即可。

小贴士：

1. 将鲫鱼宰杀洗净后，最好在鱼身两面各划5刀，这样有助于入味。
2. 将白萝卜丝放入锅中之前，可以先把白萝卜丝放入开水中焯烫一下，以去掉辛辣味。
3. 煎鱼的时候，用生姜在锅里涂一下可以防止粘锅。
4. 要做出香浓味美、奶白色的鱼汤，可先将鲫鱼放入油锅中煎一下，再注入清水炖煮，鱼汤就会变得像牛奶一样白。
5. 萝卜丝鲫鱼汤属于湘菜系，不仅能够化痰止咳、开胃消食、消脂瘦身，还可以提高人体免疫力和预防感冒。

第四章
行万里路，识万般味

从长江、黄河到海拉尔
从泰山、黄山到念青唐古拉
走过几遍清凉的黎明与炽热的黄昏
远方与诗，化作唇间的甜蜜记忆
那么汹涌的山河
雾中的柳树迎来第一班列车
你经过叉烧大饼油条炒面
它们也经过你
彼此碾作最寂静而深刻的
记忆

绍兴醉鸡

去绍兴的时候是春天。

那是个百无聊赖的假期，我一个人先到了上海，而后背着包一个个城市四处乱逛。江南处处莺飞草长，处处水木生香，苏州、无锡、湖州、嘉兴、杭州一路转下来，倒是在绍兴歇了脚。原本只是计划住两天，两天之后，退了车票，又住了两天。

我不是个有计划性的游客，只是随便乱逛，边走边看。绍兴不大，时常只是随便走走便忽而看到一洼王右军洗过笔的墨池，再走，又路过一座徐渭作过画的旧宅。老城里巷陌交错、水道纵横，每座石桥都苍老得像是载不动一声叹息，但偏偏又宠辱不惊地历经了无数风雨。

走得累了，便可以随便在巷陌深处找一家小馆子，点几样小菜，上两碗黄酒，开吃。绍兴就是这点好，固然有现代工业繁华的一面，旧时风骨却也始终铮铮而立。这风骨不仅体现在古巷石桥、流水人家，更体现在迈入许多街边小馆，

↑绍兴已有2500多年的建城史，素称“文物之邦、鱼米之乡”，也是著名的水乡、桥乡、酒乡、书法之乡、名士之乡。图中所示为绍兴一普通巷陌中的小饭馆，临河而立，旧时风情依旧。

← 说到好酒的绍兴人，就不能不提到鲁迅，对于这位五四新文化运动的重要参与者，毛泽东曾评论说：“鲁迅的方向，就是中华民族新文化的方向。”

仍能像孔乙己一样温一碗酒、叫一碟盐煮笋，热热的喝了休息。

绍兴人好酒。绍兴人鲁迅就嗜黄酒，郁达夫曾赠他一首诗，其中有两句写道：“醉眼朦胧上酒楼，彷徨呐喊两悠悠。”正将江南那股悠悠然朦朦胧的酒意形容了个入魂入骨。黄酒入口绵软、甘甜醇厚，如丝绸般缠绵悱恻地一点点将人温柔地浸润，正适合绍兴偏咸的菜品，又能让人不知不觉沉醉其中。既然有好酒，佐酒的菜自然也少不了。菊黄蟹肥时，烫一碗热热的黄酒，蒸几只螃蟹，正是东晋毕卓形容的神仙境界——“右手持酒杯，左手持蟹螯。拍浮酒船中，便足了一生。”

光是一手喝酒一手吃菜仍是不足，绍兴人还爱将酒菜合二为一，醉蟹、醉虾、醉鸡、醉鱼等各色“醉菜”层出不穷，真可谓：“春意盎然尝银蚶，夏日炎炎食糟鱼。秋风萧瑟持醉蟹，冬云漫天品醉鸡。”总之，一年四季都不闲着。

我在绍兴的第一顿饭，要的是一碟醉蟹，这或许也是醉菜中历史最为长久的一味。据说，早在北魏时期就已经有了类似的腌蟹方法，到了明清时期，制法已经十分成熟。清代嘉兴人顾仲在《养小录》中说，制作醉蟹时，要将鲜活螃蟹洗净置入酒中，等蟹醉透不动，再取出去净泥沙污物放回，加椒盐、茱萸，封妥。每天将螃蟹转动一次，半月即可食用。在时间的温柔缠绕下，甘甜清香的黄酒与鲜香浓郁的大闸蟹融为一体、相得益彰，醉后的蟹肉蟹膏甫一入口即化作馥郁酒香，温润得似一江春雨，沁人心田。这样的美味，拿来佐粥是清淡自持，下酒则缠绵悱恻，各有动人之处。

醉虾又叫呛虾，菜如其名，比醉蟹多了几分呛辣的生动。真正道地的呛虾要

绍兴盛产虾、蟹和黄酒，于是醉虾、醉蟹的产生就是很自然的事了。但也同时说明了绍兴人民的独特智慧，否则具有同样条件的别地为何没有这样的菜肴呢？左上图为正在酒缸中腌制的蟹，右上图为醉虾。

选活蹦乱跳的白虾，用透明的玻璃碗盛着，下白酒将虾淹没，加大蒜、盐、白糖等各色调料，盖上盖子，呛上数分钟。醉虾一事，残忍确是残忍，因那虾根本还是活的，但又实在美味。将虾咬入口中，只需上下牙轻轻一挤，鲜嫩弹牙的虾肉瞬时滑入口腔，顷刻间的美妙滋味真是无与伦比。

就是因着醉虾醉蟹这股子“生”气，喜者爱之入骨，却亦有许多外乡人不敢尝试。汪曾祺就认为醉蟹乃是天下第一美味。有次有人送他一小坛醉蟹，有天津客人来访，他特意剁了几只，结果客人吃了一小块就问：“是生的？”由此不敢再吃。汪先生的行文看来简直有几分生气：“为什么就不敢吃呢？法国人、俄罗斯人吃牡蛎，都是生吃。”

其实，要招待异乡客人，醉虾醉蟹这样“重口味”的食物就不如换作醉鸡来得安全保险。虽然都属于醉系菜品，但醉鸡却并非生吃，而是如白斩鸡般先煮熟，再以黄酒、高汤、调料腌渍数小时。如此就能享有四溢酒香，又能解决许多人对生食的抗拒心理，正可谓居家待客的不二良品。

绍兴醉鸡之美，在于清甜绵软的黄酒，也在于新鲜弹牙的鸡肉，原本“健美壮硕”的鸡腿肉被酒泡了数小时之后，便如同酥了筋骨一般，只剩下一片鲜嫩爽滑。咬上一口，丝绸般温润的酒气融合着清香细腻的肉质，微咸浓香的味道隐约其间，如同耳边长风眼底明月一般幽微莫测却又余音袅袅，简直能在唇齿之间幻化出一整幅江南山水，直叫人不饮自醉。

绍兴醉鸡

材料：

土鸡腿……………………………1只
高汤……………………………200毫升
绍兴黄酒………………………400毫升
枸杞子……………………………适量

调料：

盐……………………………………1茶匙
白糖………………………………1/2茶匙

制法：

1. 将土鸡腿洗净后放入沸水中，以小火煮15分钟后熄火，继续泡在水中约10分钟，再捞出放凉。
2. 将高汤煮沸，放入适量枸杞子以小火煮约10分钟，加入所有调料混合均匀，熄火后再倒入绍兴黄酒，放凉备用。
3. 将土鸡腿放入高汤中，然后放入冰箱冷藏，约6小时后取出，切块即可食用。

小贴士：

1. 这道菜以蒸煮为主，非常符合营养学上少油的烹调原则，若鸡肉能先去皮再烹煮，油脂会更少。
2. 高汤的制作过程中，除枸杞子外，还可以加入当归、红枣，枸杞子、当归和红枣等都具有一定的养生保健功效。
3. 本品具有滋养肝肾、补益气血等功效，是很好的营养补品。

白斩鸡

《随园食单》可谓吃货宝典，袁枚爱鸡，称之为“羽族之首”，因此他写的“羽族”菜单里，关于鸡的就有数十款，蒸、煮、煨、卤、炖、糟无所不包，对“吃鸡”的研究不可谓不深。然而，就是这么一位大专家，都把“白斩鸡”列做此类美食之首，书中写道：“肥鸡白片，自是太羹元酒之味，尤宜于下乡，村人旅店烹饪不及之时，最为省便。煮时水不可多。”

“太羹元酒”，讲的是上古时候人们祭祀用的食品，“太羹”就是“大羹”，说白了就是不放任何调料的炖肉；而“元酒”更是简单，就是一碗假装是酒的水。按照中国人的理论来讲，“大音希声，大象无形”，那么显然也可以推衍出“无味即为至味”，简直是饮食界的黄钟大吕，鸡中的“独孤九剑”。从前读到这里，我不禁大皱其眉，难不成清朝的鸡比现在的鸡味道丰富许多，再怎么味美，白水煮鸡也不见得好吃到哪里去吧。

直到后来，看另一位清人写的《调鼎录》，作者抄了不少袁枚的原话，不过写得更为翔实，中间也提到白斩鸡一味："……河水煮熟沥干，稍冷用快刀片，取其肉嫩而皮不脱，虾油、糟油、酱油，俱可蘸用。"这么一看，原来所谓阳春白雪的"至味"，也离不了下里巴人的蘸料。

由此可知，清代的江浙人已经开始吃白斩鸡了。这道菜简单味美，既上得了席面，又可为村野行人饱腹，历经风云变幻之后还在上海滩打出一片天下。如今，上海最有名的是"小绍兴白斩鸡"，我曾在绍兴游荡一圈，却鲜见此菜。打听之后才知，这"小绍兴"是当年一位绍兴少年，孤身闯荡上海滩，开了一个小小档位卖鸡粥和鸡肉，另有一些翅尖、鸡爪之类，供过客食用。久而久之生意越做越大，竟成了如今的老字号。

在上海吃白斩鸡，颇能体味当地人的精明节省，鸡脯、鸡腿、鸡翅当作堂上菜，而鸡头、鸡爪、鸡屁股也忝列菜单之中，按斤两或单个售卖，价格更贱，绝不浪费。进得店堂，捡几样喜欢的鸡块，嘬几口骨头，喝一碗鸡粥，便是极为饱足的一餐。

制作白斩鸡，首先要挑选适龄的三黄鸡，年纪大的肉柴易老，年纪太小的肉少骨多，缺乏嚼劲。书上只说用河水煮，可怎么煮，煮多久，都是有讲究的，好的白斩鸡讲究"浸熟"，这个"浸"字便是关键所在。将鸡放入大锅，水要将其浸透，先烧开，但不可长时间地煮，得不时捞出，讲究"七上八下"。之后将鸡整个捞出浸入冰水，鸡皮在这一瞬间收缩，变得口感脆韧，外形美观。过了这一道，鸡还得继续煮熟，不过火不能大、水不能滚，得水泡绵密浮浪如"虾眼"，煮到堪堪熟就好。成品的白斩鸡，切开码得齐整，皮黄、肉白，骨髓还带着一丝血红，撒上点葱碎或香菜末，亮眼好看，正适合作为冷盘在宴席中打头阵。

不过华夏物丰地广，不独上海人爱吃鸡，与白斩鸡类似做法的美食还有许多。譬如，广东人也讲究吃鸡，常道"无鸡不成宴"。我曾在粤西的湛江吃过一家"中华老字号"，大大的金字招牌，店面内横挂一幅字——"中华第一鸡"，做的是"白切鸡"。据说，挑选的都是只下过一次蛋的小母鸡，做法与白斩鸡雷同，唯独蘸料不同。广东人爱食沙姜，其不如生姜辛辣，切成细末之后用花生油

白斩鸡的变与不变

正因为白斩鸡拥有“无味即为至味”的特点，它才能走向全国，适应各地不同的口味与食风。但不变的确是对于原料的严苛把关——必用那散养的三黄鸡。

口水鸡就属于白斩鸡的演绎一类，它属于川菜系中的凉菜，佐料丰富，集麻辣鲜香嫩爽于一身。

三黄鸡是我国著名的土鸡之一，因黄羽、黄喙、黄脚而得名，具有肉质嫩滑、皮脆骨软、脂肪丰满、味道鲜美等特点。

一淬，浓香扑鼻，倾入几点豉油，或加几撮辣椒圈，配上脆皮鸡肉相当鲜美。

粤东潮汕人多，曾在街头小馆点过半只白切鸡，老板神秘地夸耀自己的鸡胜过客家人老远，因为用的是阉过的小公鸡，蘸料更是特别，乃是一勺酱油搭芥末，嫩鸡肉与鲜芥末滋味生猛相撞，实在令人拍案叫绝。

做法如此的当然还有川菜中鼎鼎有名的“口水鸡”。郭沫若说自己少年时代在川，所吃的叫做“白砍鸡”，听这名字就知与白斩、白切雷同。不过川人做菜擅麻擅辣，把“蘸”这一道工序给省了，最最销魂就是那一勺精心熬制的红油——用白芝麻、花生碎，爆过姜、蒜与花椒，往“白砍鸡”身上一淋，便成了“红油口水鸡”。一口下去，香鲜直冲囟门，怕辣的人恐怕要呛出两点眼泪来。

回头参详，还真悟出袁枚夸奖白水煮鸡的缘由，无论你口味如何，爱酸甜苦辣，这白水鸡都能满足你，只要将鸡肉烹得喷香，还怕调不出心仪的酱料不成？

白斩鸡

材料：

土鸡……1只（约1500克）

姜片……3片

葱段……10克

调料：

料酒……1大匙

蘸料：

鸡汤……150毫升（制作过程中产生）

素蚝油……50克

酱油……适量

白糖……适量

香油……适量

蒜末……适量

辣椒末……适量

制法：

1. 将土鸡去毛，洗净，放入沸水中焯烫，再捞出沥干，重复上述制法3～4次后，取出沥干。
2. 将整只鸡放入装有冰块的盆中，待外皮冰镇冷却后，再放回原锅中。
3. 锅中加入料酒、姜片及葱段，以中火煮约15分钟后熄火，盖上盖续闷约30分钟。
4. 将鸡取出，待凉后剁块盛盘。
5. 取150毫升鸡汤，加入其余蘸料调匀，食用鸡块时蘸用即可。

小贴士：

鸡肉切块时，若要切面美观完整，需放冷后再切。若不急着食用，可将鸡肉先放进冰箱略冷藏，鸡皮受热胀冷缩影响会变得比较脆，切口也会比较好看。

西湖牛肉羹

据说世间女子，无论多么矜持骄傲，遇到真正动心的那个人，也会愿意为他洗手做一碗羹汤的。杨绛女士婚前十指不沾阳春水，后来与钱钟书先生结婚、出国留学，也学着下厨，钱先生为此十分感动，还写过一首《赠绛》：“卷袖围裙为口忙，朝朝洗手作羹汤。忧卿烟火熏颜色，欲觅仙人辟谷方。”一碗羹汤，既蕴含着女人对家庭的奉献与关心，也反映出男人对妻子的疼爱与怜惜，也就早已脱离了饱腹之物的范畴，仿佛代表了整个生活的缠绵温情。

“羹汤”虽然常并列成一个词汇，但却并不是同一个意思。《尔雅》说：“肉谓之羹。”最早的羹，就是很浓的肉汁。肉羹如何调味传说是彭祖创造的，他先将肉煮至软烂，然后用酱、醋、肉酱、盐、酸梅调味，吃羹时旁边还要再摆上盐梅。羹本身已经具备五味，若有客人口重，还可自己再加盐梅，大致如同当今餐桌上的调味酱。春秋战国时期，羹的种类很多，大多是以各色肉类配以谷米煮成浓稠肉汁。在各色肉羹中，最负盛名的是羊羹，人常说红颜祸水，却不知美

历史长河中，有多少事物都已变得面目全非而只空留下一个名号，羊羹亦如此。最初中国的羊羹是用羊肉熬制的肉汁，待冷却成冻后用以佐餐。其后随禅宗传至日本，由于僧人不吃肉，他们便用红豆与面粉、葛粉混合蒸制。于是，羊羹在日本逐渐演化成一种以豆类制成的果冻状食品，并成为著名的茶点。图中所示即为日本的羊羹。

食亦能倾国倾城。《战国策》中就曾记载，中山国的国君宴请国都里的士人，大夫司马子期也在其中。由于羊羹没有分给自己，司马子期一怒便跑到楚国去了，还劝楚王攻打中山。最后中山国破，国君感慨："吾以一杯羊羹亡国！"羊羹以倾国美食的地位在中国屹立不倒了许多年，不知何时却渐渐消弭了踪迹，倒是传入日本后，被日本僧侣改造成素食甜点，唯有名字流传至今。

羊羹虽已渐渐消失，其余羹类却仍在历史长河中时隐时现，并发展出了形形色色的模样。张翰的莼鲈之思，念念不忘的是一碟清新鲜甜的鲈鱼脍（生鱼片）和一碗滑嫩清香的莼菜羹；林洪将荷花去心、去蒂与豆腐同煮，成就了一份雪霞羹；曹植用驼蹄制成七宝羹，驼蹄肉质肥厚、羹汁鲜美，闻名天下，一瓯须费千金；甚至还有唐代宰相李德裕家的李公羹，其用珍玉、宝珠、雄黄、朱砂、海贝煎汁，每杯羹需费钱三万——这羹虽然奢侈得让人只能咋舌，但看起来却让人实

在没什么食欲。

按李渔的说法，羹是为配饭的："有饭即应有羹，无羹则饭不能下，设羹以下饭，乃图省俭之法，非尚奢靡之法也。"李渔毕生风花雪月、倜傥风流，这时倒忽然脚踏实地起来，只渴望一碗浓稠热辣的羹汤，将菜并肉熬出浓汁来，顺嘴、下饭、暖胃。

作为一个地地道道的湖南人，许是因为湘粤两省交界，饮食上互相有所影响，我自幼习惯的下饭物乃是煲汤，汤味虽浓，却并不稠腻，与羹不太相同。羹之于我，最熟悉的出处是汤匙仍被叫做调羹。

第一次听到"西湖牛肉羹"的名字，不是在西湖边，却也似是在西湖边。那是在十几年前的电视屏幕上看的一部《青蛇》，那会儿年纪还小，压根看不明白那些艳丽的、压抑的、缠绵的、妖异的情欲，倒是记得那一艘小小的摇摆不定的

杭州西湖，中国最著名的景色之一，景观有“一山、二塔、三岛、三堤、五湖”的格局；人文典故更是不胜枚举，雷峰塔与白娘子，苏东坡与苏堤……想这既暖胃又暖心的西湖牛肉羹，肯定也与之大有干系吧。

渡船。初初相识，白蛇低眉浅笑，许仙心如擂鼓，一番情潮暗涌之下，他的眼神随着眼角发梢的水滴一路下滑；她妩媚入骨，问的却是一句——“公子，尝尝我做的西湖牛肉羹。”足见“食色，性也”，在哪一个故事里都是一样的。

后来真正去了杭州，也是个湿冷的雨天，撑着伞在西湖边逛了半天，终究也没有那么一个美貌佳人邀我尝一盅西湖牛肉羹，只好自己花钱去店里吃。坐定下来，望着窗外雨意连绵的西湖，仿佛觉得微波涟漪的湖面都映入了眼前的浓浓羹汤之中。

低头抿一口羹，那浓厚顺滑的滋味顷刻间充盈于唇齿之间，咕咚咽将下去，喉舌肠胃都活泼泼地暖起来，背脊之上也起一阵酥麻痒意。就是这样的了，我想着呆书生许仙在那一艘摇摇晃晃的小船之中，就着飘摇不定的火苗，从佳人手中接过一盅鲜美滚热的西湖牛肉羹，怎能不从皮囊到魂魄都被妖精勾了个彻底？

西湖牛肉羹

材料：

新鲜牛肉碎……………………200克
荸荠……………………………5个
蟹肉棒…………………………2根
青豆仁…………………………50克
香菜碎…………………………适量
高汤……………………………500毫升
淀粉……………………………适量
水淀粉…………………………1大匙
香油……………………………1茶匙

调料：

盐 ………………………………1茶匙
绍兴黄酒 ………………………1大匙

制法：

1. 将新鲜牛肉碎加水淀粉和盐拌匀，再放入沸水中焯烫，捞出洗净。
2. 将荸荠去皮，洗净，切碎；蟹肉棒剥去红色部分，切成小段。
3. 将高汤煮沸后，加入牛肉碎、荸荠碎、蟹肉棒段、青豆仁和绍兴黄酒，待汤再沸时，加入水淀粉勾芡拌匀，最后加入香油、撒入香菜碎即可。

小贴士：

1. 新鲜牛肉碎在焯水前可用凉水化开，可以避免焯水使牛肉碎结成一团。
2. 也可以在本品中加入蘑菇，如草菇、金针菇等。
3. 也可以在关火后加入适量蛋清，可以调出淡淡的絮状，而且使口感更顺滑。具有很高温度的羹汤足以把蛋清烫熟。
4. 还可以在本品中加入几粒枸杞子，会使颜色更加好看。

菜脯肉末蛋炒饭

前两年一部几乎毫无剧情的日本电影猝不及防地就击中了我，它叫《小森林》，每一个章节的起承转合都以食物为标题，剧中女孩因时节、心情来认认真真地制作每一样日常饮食，而后独自在餐桌前恭敬地对食物说："我开动了！"再认真得近乎虔诚地体会每一口滋味。

故事取材于日本，水光山色与日常饮膳却也能勾起我的乡愁。说来有趣，冬天的时候女主角将白萝卜切块，用草绳晾在寒冷室外——那手势、步骤竟与我外婆一般无二。身隔万里，吃货们的灵魂倒是有共通之处。小时候每到初冬，大约与北方人囤大白菜的习惯差不多，外婆总要囤上一筐白萝卜，或腌渍成泡菜，或切丝凉拌生炒，剩余一半，便串起来晾在窗外，整个冬天都可以随取随吃。南方气候温润湿冷，下雪的时候少，说是冻萝卜其实也未见得真上冻，只是慢慢蒸腾掉了萝卜本身的水汽及略带辛辣的味道。等到隆冬时节，将萝卜拿下来随便切切就煮，吃起来便是纯粹的甜。

中国人常说“冬吃萝卜夏吃姜”，各地人民对于萝卜的爱大抵是相似的，炮制方法却各不相同。以前看老北京人回忆萝卜，常见写当年胡同里的那声吆喝：“萝卜——赛梨啊——辣了换来！”看着的时候老是不解，心道萝卜怎么能赛梨呢，分明是两个类别的食物。后来到了北京，吃到这种外青内红的“心里美”萝卜，一咬一汪水儿，虽然没有梨甜，可确实不带辣味，这才知吃货们诚不欺我。

南方不产心里美，水萝卜倒是不少。身为江苏人的汪曾祺先生曾经怀念过家乡的杨花萝卜（就是水萝卜的一种），说是“极鲜嫩、有甜味、富水分”，可以生嚼，也能加酱油、醋、香油拌萝卜丝。在湖南，大街小巷都常见卖泡菜的小店，泡菜品种繁多，一个一个大型玻璃罐子装好，模样集体清清爽爽，吃起来却往往酸爽辛辣。水萝卜正是泡菜罐里不可或缺的一员，泡出来的萝卜呈粉红色，十分貌美，吃起来也是酸而又辣，最宜佐粥下饭。更有许多打扮得时髦漂亮的姑娘站在街头，拈了泡萝卜、泡藕片当零食吃，边跺着脚喊辣边吃得畅快惬意，才真正是“辣妹子”的飒爽豪气。

南北通吃的我最爱一碗萝卜汤，这恐怕也是中国老百姓最家常不过的补品了。隆冬腊月，拿棒子骨煨一锅酥烂萝卜，吃上一口，绵软萝卜入口即化，包含

萝卜的品种很多，文中所称的“心灵美”是产于北京郊区的地方品种，皮薄肉脆而多汁，且肉为鲜艳的紫红色（右上图）；南方的水萝卜则相反，艳丽的红皮下是白玉色的果肉，口感爽脆，富含水分（左上图）。

着热烫汤汁，顷刻间在嘴里化成一股清甜，整个冬天的寒气仿佛也随之消弭于无形了。在我的家乡，冬至也不吃饺子，而要炖一锅羊肉萝卜汤，用以温补益气，抵御湿寒。

一气儿说了许多萝卜的吃法，看官看到此处，想必要认为我挂羊头卖狗肉，写错章节了。实际上到了潮汕才知道，当地把萝卜叫做“菜头”，而“脯”字本义乃是肉干，如今这一用法在中原已不常见，倒是在潮汕一带保留了下来。菜脯，顾名思义，也就是萝卜干的意思。

从前到了萝卜收获季节，潮汕人家家户户都会腌制菜脯，晒在户外平台上，日落收起来撒盐，日出再摊出来晒晒，日复一日，等到白嫩的萝卜变黄、变瘪、变干，再收起来放入瓮中封存。封上一年半载的，还算是新菜脯，老菜脯据说可以放个10年以上，直到萝卜干变得乌黑发亮、肉质顺滑，可以拿来当成消食化滞的常备药品。

潮汕人离不开菜脯的味道，菜脯蛋就是其中最常见的一味。取两个鸡蛋打散，拌入切碎的菜脯，油热之后滑入锅中，煎至两面金黄，就是每一个潮汕妈妈最常端到儿女面前的清粥小菜。又有不得不提的点睛配料——菜脯油。我第一次到潮州，便吃到了当地有名的小吃“粿汁”，看起来像是黏稠的米浆配上米粉，再加极为寻常的卤豆干、卤蛋，吃起来却有一种极为独特的鲜香四溢。事后问当地朋友，才知道那股特殊香味是来自菜脯油。菜脯油做法也非常简单，油七分热，加入菜脯碎、蒜蓉，以小火煸透，盛起备用即可。菜脯特殊的香气配着蒜蓉的香辣，在油脂中肆意交融，有种难以言喻的美感。

将菜脯蛋略一拓展，便成了菜脯肉末蛋炒饭。现代人懂得自己制作菜脯的不多，若能在超市买到现成的萝卜干，也可替换着用——但要是能有一勺真正地道的菜脯油浇于其上，那种热辣调和出了独特鲜香，或许能成为你家宴席上自成一格的招牌主食呢。

菜脯肉末蛋炒饭

材料：

米饭……………………………220克
碎萝卜干………………………60克
猪绞肉…………………………60克
鸡蛋……………………………1个
蒜末……………………………10克
葱花……………………………20克
食用油…………………………适量

调料：

盐……………………………1/4茶匙
白胡椒粉……………………1/6茶匙

制法：

1. 将鸡蛋打散；碎萝卜干略洗过后挤干水分，备用。
2. 热一锅，倒入适量食用油，以小火爆香蒜末后，放入猪绞肉炒至肉色变白松散，再加入碎萝卜干炒至干香，取出备用。
3. 锅洗净后热锅，倒入适量食用油，放入鸡蛋液快速搅散至蛋略凝固。
4. 转中火，放入米饭、猪绞肉、碎萝卜干及葱花，将米饭翻炒至饭粒完全散开。
5. 加入盐、白胡椒粉，持续以中火翻炒至饭粒松香均匀即可。

火腿三丝

大概是因为偏安于南疆，气候不同，又多少数民族的原因，云南菜与国内诸省比大不一样，其重口味与多香料的方式，更偏向东南亚地方的食风，各式菜色也都艳丽漂亮。云南火腿有名，用本地猪、本地井盐，做成形似琵琶的火腿，清光绪年间曾懿的《中馈录》中已经收有云南“宣威火腿”的制法，说当地家家都腌制，并逐渐形成了产业。

云南地道的火腿吃法，一是蒸。最好的部分称作“金钱片”，是火腿后端较细的一截，切开来剖面呈圆形，外层是皮，中间夹雪白肥肉，内心是胭脂色的细腻瘦肉。将这种火腿以大火蒸熟，其肥肉变得浅黄透明，瘦肉则色浓欲滴，香气直达数米开外。云南的很多街头小馆子都有这道菜，味道醇美，极为下饭。此外还有一种，是用本地虎皮青椒爆炒，临出锅前喷一点水将火腿焖软，活泼泼的怡红快绿，肉质劲道，辣味也劲道。

汪曾祺谈吃，说在西南联大时常去的一家昆明菜馆，名为“东月楼”，招牌

火腿，是指将猪后腿经过盐渍、烟熏、发酵和干燥处理而成的，原产于浙江金华，现代则以浙江金华、江苏如皋、江西安福和云南宣威等四地出产的火腿最为有名。

菜叫“锅贴乌鱼”，“以乌鱼两片，中夹兼肥带瘦的火腿一片，在平底铛上以小火烙成”。据说，乌鱼片都是以现杀的活鱼片成，有火腿在其间，想必那鱼已经无需调味，鲜嫩夹着坚韧，绵软又咸香。可惜这家馆子早已不复存在，今人只能通过文字想象追思。

和宣威火腿的粗放比起来，金华火腿的制作则带有江浙人特有的细腻，还有品级之分，其中的“雪舫蒋腿”被推为精品。据说，雪舫蒋腿产生于光绪年间，百年来斩获数枚国际大奖。在这“千山千水千才子”的地方，大众都好生风雅，甚至还有以竹叶熏就的“竹叶腿”，吃起来不知道是不是带着些竹叶的清气，也为文人们推崇备至。

汪老在文中又提及古人的蜜炙火腿，可惜他未曾吃过。这实则是杭州佳肴之一，《随园食单》亦有记载，名曰“蜜火腿”：“取好火腿，连皮切大方块，用蜜酒煨极烂最佳。”酒应该是绍兴黄酒；蜜也许是百花蜜，现在改用冰糖水了；

外加青梅、樱桃装饰，也有撒一层桂花的，滋味想必是又甜又鲜，极其馥郁。

在淮安曾参加过一场婚宴，席间淮阳名菜有如流水般，如软兜长鱼、清炒蒲菜、平桥豆腐羹，几乎鲜掉了眉毛。可是记忆最为深刻的，仍是“扣三丝”。用洁白的一只圆盘端上来，当中一团浑圆，火腿、冬笋、鸡肉切成极细的丝，列在碗中再倒扣，形成了一座三色小山，粉红雪白；周围环绕着金色浓汤，星点油光十分璀璨，甫一登场，就吸引了我这外乡人的目光。

如此精致的菜肴，本帮人浑然不以其为异，在我踌躇这该怎么下箸的时候，三丝已经被人用筷子挑开，散落在汤汁里，原本看起来固若金汤的细丝泡入汤水，直如劳累了一天的人泡进一缸热水里——失去了筋骨般绵软。三丝缠绵在筷子尖端，颜色鲜明可爱，要三种同食才好，火腿的咸味已经在长时间的烹煮里浸入整盘菜；冬笋原本甜脆，却因这出类拔萃的刀工而变韧；鸡肉切得细若游丝之后，甚至让人产生了一种陌生感：我吃的这是鸡肉吗？乍一吃似乎是拉成毛细的面线，再静下心来尝，才品出鸡肉应有的鲜美来。

也是因为打开了山体，才得知内有乾坤，这道菜做的时候应当是以火腿丝分居三个对角，然后在中间填充笋丝与鸡丝，中间还要填充一些猪肉细丝，肥瘦各半，最后在顶端倒放一朵香菇。随后倾注高汤调味，用火蒸熟。肥肉在大火的攻击下化为荤油，浸入小碗的每一个角落，让笋丝变得润滑，瘦鸡肉丝也因此不会柴。蒸好之后，将碗倒扣入盘，再重新烧高汤浇汁即成。那天因为一时犹豫，没能吃到“峰顶”的那一朵香菇，成为我长久以来的遗憾。

匠人之心能造就神话，若非亲眼所见、亲口所食，哪能料想肉类能切成如许惊人的细丝，唯能感慨神乎其技。普罗大众如你我，无法练就这等厉害的刀工，如需在家宴客，想必也没有那许多功夫去制作扣三丝这样的大菜。

不过火腿之美，在于繁简相宜。将一二两火腿肉，加上些许胡萝卜、金针菇和黄瓜，一起洗净切丝烹调，亦能成一样好菜。这几物既可以大火快炒，少油少盐；亦可直接汆水，加香油，撒上黑胡椒粉等调料同拌，同样喷香宜人。

火腿三丝

材料：

火腿……………………………80克
金针菇…………………………60克
胡萝卜…………………………50克
小黄瓜…………………………1根

调料：

盐 ………………………………1/4小匙
鸡精……………………………适量
白糖……………………………适量
黑胡椒粉 ……………………1/4小匙
香油……………………………1大匙

制法：

1. 将火腿洗净，切丝；金针菇洗净，去蒂头；胡萝卜洗净，去皮，切丝；小黄瓜洗净，去头尾，切丝，备用。
2. 将金针菇、胡萝卜丝放入沸水中焯熟，备用。
3. 将小黄瓜丝加入少许盐(调料外)，搅拌均匀腌约10分钟，再次抓匀并用冷开水略冲洗，备用。
4. 取大碗，放入所有材料及调料，搅拌均匀即可。

港式叉烧

说来惭愧，我对叉烧最初的印象，是来自港剧里痛心疾首的那一句——“生旧叉烧都好过生你啊！”小时候压根不知叉烧为何物，就恍惚留下了一个负面印象，仿佛是个多么不堪的事物，用以与最不孝的子女相提并论。后来则更糟糕，又不知从何处听闻了有部港产电影名叫《人肉叉烧包》，啧啧，多么可怖，又是人肉又是叉又是烧的，片名就杀气腾腾，带着股茹毛饮血、生撕活拽的夜叉气质。

后来才看周星驰的《食神》，史提芬·周从浮夸奢靡的厨神一朝被打下神坛，落魄之际，在街头大排档吃了丑女“火鸡”递上来的一碗香喷喷的叉烧饭。后来，在思考什么是天底下最美味的东西时，他毫不犹豫地选择了平淡朴实却让人毕生难忘的“黯然销魂叉烧饭”。电影最后，食神大赛的评委几近浮夸地大呼：“叉烧，好吃啊！我从没吃过这么好吃的叉烧，救命啊！叉烧的肉汁镇在纤维里面，好似江河汇聚，而且里面的肉筋被内力打碎，入口极为松化，再配合用

香港人爱吃叉烧肉是出了名的。在香港，无论是大酒楼还是街头小吃店，随处都可以找到好吃的叉烧肉。其实何止是香港人，整个广东都极为流行这道菜，所以叉烧肉也被认为是粤菜中的代表之一。

火云掌煎成的糖心荷包蛋，这叉烧太棒了！尘世间没有形容词可以形容它了！”电视机前的我看着她面前红艳艳的叉烧和黄澄澄的荷包蛋，默默地猛咽口水。

我们那一代人，童年多半是伴着TVB和港片的喧嚣成长起来的。20世纪90年代初期的香港像是一个繁华而遥远的梦境，充斥着俊男美女轰轰烈烈的爱恨情仇，简直不似人间。长大之后，交通愈来愈发达，港澳通行证也愈办愈容易，去趟香港跟去趟邻省并无太大区别；TVB与港产电影亦不复从前，那层神秘莫测的光环也早已消退殆尽。

倒是那碗叉烧销魂依旧。

叉烧的名字听起来特殊，实际上说白了，也是烤肉的一种。烤，恐怕是人类对于肉类最原始的处理方式。最早的烤肉，无非是将飞禽走兽架在火上烤至皮酥骨脆、焦香四溢而已。人类有了文明之后，烤肉也随之拓展出了无数种调制方法。直接烤牛、羊、猪、鹿等各色肉类自然不消多说，唐代甚至还有一样名菜“浑羊殁忽”，是将羊和鹅杀了之后去内脏并褪毛，在鹅腹中塞满调好料的糯米饭及肉，再将鹅塞入羊腹中，然后烤羊，等羊肉烤熟之后，再去掉羊，单吃鹅肉。如此大费周章的一道菜，曾经流行于盛唐时的高贵宴席之上，想必不但是因其香气四溢，更是为了这种奢靡浪费的排场。

老百姓自然玩不了弃羊吃鹅这一招，最为隆重的烤肉恐怕要算是烤乳猪。早在南北朝时，贾思勰就在《齐民要术》中写：“色同琥珀，又类真金，入口则消，壮若凌雪，含浆膏润，特异凡常也。”烤乳猪一路发展下来，在清代袁枚的笔下显得更细节化，他说要选用三四千克重的小猪，去内脏并褪毛后，叉上炭火烤之，一边往皮上涂抹奶酥油一边慢慢旋转着烤，烤至深黄色即可。袁枚还细细叮嘱说要有好耐性，并且得先烤里面的肉再烤皮，才能“使油膏走入皮内，皮松脆而味不走”。袁枚的方子要用到“奶酥油”，我猜多半是受到北方旗人的影响，取其奶味香浓、香甜可口。

据说还有整只大猪挂在大铁钩上烤的吃法，我不曾亲见，但想来香酥之气不会输给乳猪，只是难免考验厨师把握火候的水平。烤全猪最美味的部位在里脊，但一只猪只有两条里脊，食客们若是纷纷索要，难免陷入尴尬。古代尚有“二桃杀三士”之虞，当代人读史明得失，自然不能重蹈覆辙。于是，机智的厨师想出解决之道——将其他猪的里脊肉加插在烤全猪的腹内，这样一头烤全猪便能切出数盘烤里脊了，名为“插烧”。只可惜机智的厨师还是满足不了老饕们的口腹之欲，插烧也只能插几条里脊而已。后来，人们便索性直接将里脊肉串起来叉着烧，久而久之，便单独得名为“叉烧”了。

香港处处都萦绕着叉烧香气，昂贵的高级餐厅，街头巷尾的茶餐厅、大排档，抑或逼仄的家庭厨房，每一处的叉烧都有其独到之处，每个人都有自己情之所钟的那一款寻常而独特的味道。“肥叉”香腴爽口，“梅叉”甘美鲜甜。我最爱半肥瘦的“花叉”——瘦肉艳红柔媚，口感爽脆有嚼劲；肥肉则是半透明状的丰腴，咸中带有甜美蜜味，半是酥化，半是甘香，入口肉汁满溢一片嫩滑，毫不黯然，单是令人销魂而已。

港式叉烧

材料：

梅花肉……400克
姜片……30克
大蒜……适量
香菜根……4根
红葱头……30克
葱……1根

调料：

甜面酱……1大匙
盐……1茶匙
白糖……3大匙
料酒……3大匙
芝麻酱……1茶匙
酱油……1茶匙

制法：

1. 将梅花肉洗净，切成长宽各约3厘米的厚块状后汆水15分钟，捞出沥干备用。
2. 将姜片、大蒜、红葱头、葱均洗净，切末，加入香菜根及所有调料，抓匀成腌汁。
3. 将梅花肉块放入腌汁中拌匀，静置2小时后取出。
4. 将腌好的梅花肉块放入烤箱，以上下火各180℃烤20分钟，取出蘸酱食用即可。

客家咸猪肉

朋友请客，吃的是客家大盆鱼，一整张圆桌，大家团团围住，正中是一只硕大如盆的青花大盘，当中一整条江团鱼，被蒸得皮酥肉嫩；四周层层磊磊，尽是美味。我吃得啧啧称奇，顾不得从小就被耳提面命的餐桌礼仪，伸着筷子在盘里翻找，几乎每一落箸，都能夹到惊喜，最后在白米饭上浇一勺汤，饱足感爆棚。

但朋友却颇为不满，一边吃一边嘟嘟囔囔，认定城里的“大盆菜”绝非“大盆菜”，继而邀请我隔月去粤北她的老家玩，说到时候村里有喜事，请我吃真正的客家大盆菜。存了这个心思，过了两个周末，我立即背包出发，火车转汽车，朋友已经开了一辆摩托守在车站候我，言道进村还得一个小时。

此地多山，车子高高低低攀爬滑落，颠簸得很，但也美景如画，平缓处田园静谧，俊俏处林木深淼。到得村里，只见一派喜气洋洋，张灯结彩，周围人头攒动，菜已陆续扛上桌。没错，是“扛”——只见一个个如小孩澡盆大小的木盆，由青壮汉子上菜，放在露天的八仙桌上。盆居当中，周围四张条凳，两人一方，面前只放杯盏碗筷，一切从盆里捡食。

盆中宛如一个小江湖，堆积着各种食材，山珍海味、鸡鸭鱼肉一应俱全。这么多种食物聚拢来，却丝毫没有杂乱之感，仔细端详才发现盆菜的做法相当讲究，并非囫囵“一锅烩”。不同的食材有着不同的加工方法，有的用香油煎成金黄，有的炸至焦酥，有的先烧再煮，有的还需要提前卤制，最终才汇总一处，装盆加热。这么一来，不同的食材一方面保留着自己的原味，一方面又能相互依赖，真是集精华于一盆。

素菜们吸饱了肉食的汤汁，变得极为可口，尤其是村民自制的腐竹，搛在筷子上颤颤巍巍、浓油直滴，吃进嘴里只觉软嫩油滑、温润如玉。此外的萝卜、香菇之属，贴近鸡肉者有鸡香，靠住生蚝者有海风，堪称绝味。到此时也顾不得什么形象，够不着时就站起来夹，直到吃完，也不知道是否已把盆里乾坤都赏玩了一遍。

客家人分布很广，粤赣闽三省皆有聚族，南下港澳台地区和东南亚国家的也非常多，可于饮食上却极有默契。各处的客家菜，大多重肉少鱼、味道浓重，讲究“无鸡不清，无肉不鲜，无鸭不香，无肘不浓”，与南方其他地方爱食原味、海鲜的风格相去甚远。究其原因，客家人原本就是古时南迁避战乱的中原人，一代代繁衍至今，令客家菜在很长时间里都维持着自己的独有特色，自成一家。

饭毕，朋友妈妈问我餐后心得，我咬着嘴唇回味，认为最最精华的部分，一者是豆腐，二者乃是盆底的咸肉。豆腐软而不破，吸百味，足以当肉；咸肉则是盆中百味之源，万般滋味都从那一点盐散发开来，而本地猪肉之香，腌制手法之妙，令人神往。没料到误打误撞，竟然猜中，阿姨大喜过望，认为我作为吃货十分合格，连忙要送我几条咸肉拎走。朋友笑道，曾经物资匮乏，从小家中最常吃的两样，一是豆腐，二就是咸猪肉了，当时觉得吃得生厌，可外出读书工作之后，一怀乡，想起的都是这两种味道。

豆腐与猪肉，一素一荤，算得上客家菜的灵魂之物。《射雕英雄传》里，黄蓉用豆腐球塞入火腿蒸，名曰“二十四桥明月夜”，每每读到此处，都忍不住击节赞赏、口水横流。我们凡人并没有黄帮主内功辅助，削嫩豆腐球这种事，大

↑客家人目前主要聚居在广东、福建和江西，是由五胡乱华、宋室南迁等时期为躲避战乱而来的中原人后裔组成的。客家人除了拥有风味独特的客家菜外，其民居建筑——土楼也是又一大特色。据考证，这种建筑与中原贵族大院屋型十分相似，更进一步说明了这两者之间的历史文化渊源。

← 客家土楼的内部情况。

概是不可能完成的任务。同样是豆腐借着肉味，这道菜在我心目中，还不如客家酿豆腐来得大快朵颐。酿豆腐，将猪肉丸塞入豆腐中，煎得两面金黄，再调味以红烧收汁，一块块玲珑漂亮。豆腐肥软，肉球香韧，相得益彰，比起小颗的豆腐球，想必吃起来爽快得多。

客家咸猪肉更是大大有名，盖因其腌制方法与他处不同，独占一味之故。“小雪腌菜，大雪腌肉”，每到冬季，客家人都会杀猪腌肉，要用到粗海盐、花椒、胡椒粉，香辛味十足，可蒸熟做冷盘，吃时若蘸甜醋汁，则是天作之合。此外，咸猪肉还可配菜小炒和煲汤，家家户户厨房里都备着，可以吃上一整年。曾经，人们腌肉是因为鲜肉难以耐久保存，盐腌之后可久放不坏。时过境迁，如今再尝咸猪肉，吃的是一味传统，一味乡愁。

客家咸猪肉

材料：

五花肉……600克
大蒜……1瓣
卷心菜丝……适量

调料：

盐……2大匙
酱油……1大匙
白糖……1大匙
黑胡椒粉……20克
料酒……100毫升
五香粉……1小匙
甘草粉……1/2小匙

制法：

1. 将五花肉洗净，横切成大宽片状，沥干备用；大蒜洗净去皮，拍碎备用。
2. 将所有调料放入容器中拌匀，加入拍碎的大蒜，抹在五花肉片上，放入冰箱腌制3天。
3. 将腌五花肉放入油温为120℃的油锅中，以小火炸至金红色。
4. 炸熟后切片，排入摆满卷心菜丝的盘中即可。

扬州炒饭

第一次到扬州是个下着绵绵细雨的冬夜，不是三月，亦没有鹤骑，我拖着行李打着伞，狼狈不堪地拦了辆出租车直奔宾馆。司机是位热心大叔，听说我是孤身到访的游客，便热情洋溢地给我介绍扬州美景美食——只可惜他讲得一口本地话，饶是我竖起耳朵尽力聆听，也实在没听出个所以然。只半猜半蒙听见他仿佛是叮嘱我独身在外注意安全，又如家里长辈一般絮絮问我吃了没喝了没，吴侬软语温情款款，承载着冬雨夜一个陌生人给的关怀。

把行李甩在宾馆，第一件要做的事便是如司机大叔所叮嘱的那般出去找饭吃。我在脑海里搜寻了一圈，第一个想起的是扬州闻名遐迩的"早上皮包水"，继而，被三丁包子、千层油糕、双麻酥饼、翡翠烧卖、大煮干丝、糯米烧卖、蟹黄蒸饺等各色早茶名点顷刻间勾起馋虫无数，只恨此时已是夜里，只能等到第二天一早再去茶社。再想一轮，蹦入脑子里的便只剩了简单干脆的四个字——扬州炒饭。

于是裹着大衣匆匆出门，在街角随便觅了家小店进去坐定，要过菜单便打算来一份地地道道的扬州炒饭。然而，来回翻了几遍菜单，倒是瞧见了蛋炒饭、香肠炒饭、虾仁炒饭等，唯独没有扬州炒饭一味。当下失望无比，万万没想到在扬州街头，竟找不到一盘扬州炒饭。

事后跟扬州朋友倾诉衷肠，被伊笑得半死，直说我是要去加州找牛肉面，去新奥尔良找烤翅的人物。而我在得知扬州不产扬州炒饭的那一瞬间，真是失落得要命——成都人不吃四川麻辣烫、扬州人不吃扬州炒饭……这世界还有没有基本的信任啦?

在扬州，虽然没有吃到扬州炒饭，但一碗热腾腾、香喷喷的蛋炒饭倒是切切实实地吃到了嘴里。据说，蛋炒饭的发明者是隋朝的杨素——就是那位在传奇中养了红拂女，辅佐了杨坚、杨广父子两代皇帝的高官显贵。史书上说他“兼文武

虽然传说蛋炒饭是由隋朝政治家杨素发明的，但其实早在西汉时就有一种用黏米饭加鸡蛋制成的食品，名为“卵熇”。故有人推断，“卵熇”可能就是蛋炒饭的前身。

之资，包英奇之略”，看来不仅文韬武略，还懂得美食。隋唐之际，百姓家里多半用不起油，菜式以蒸煮为主，需要大火多油快炒的蛋炒饭想必算是高贵，连名字也透着闪闪发光的贵族气——碎金饭。

时过境迁，碎金饭的高端气质渐渐融入寻常百姓之家，谁家的餐桌上恐怕都出现过这么一盘油光莹亮的蛋炒饭。虽然家家都会做蛋炒饭，但要做得好吃，却也不是那么容易的事。唐鲁孙先生说，以前他自家雇厨子，三道考题：先让厨师煨个鸡汤试试文火，再让他炒个青椒肉丝考一考武人菜。最后才来碗蛋炒饭，非要炒得“润而不腻，透不浮油，鸡蛋老嫩适中，葱花也得煸去生葱气味”，才算是一位真正大手笔的厨子。

古龙笔下的大反派律香川恐怕是一位大手笔的厨子，他温柔沉静，却又嗜血暴虐，小说里让他做尽了各种邪恶又疯狂的事情。我印象最深的一个情节却是在某天夜半，男主角孟星魂肚子饿了，于是律香川就去厨房熟练地做了一盘香喷喷的蛋炒饭。两个男人，一对仇敌，没有刀枪相向以死相拼，倒是在深夜时分交换了一些对蛋炒饭的看法，而后相对无言，默默吃完。这个场景几乎是安静而诡异的，却又透着蛋炒饭热热闹闹的世俗香气。

单是鸡蛋炒饭，毕竟失于单调。扬州炒饭的出现，恐怕就源自这种欲望的不满足。唐鲁孙先生曾考据扬州炒饭的来历，说是乾隆年间，伊秉绶在惠州任知府时，官署里有个粤菜厨子“颇精割烹”，而后伊转任扬州，家厨亦随同前往，扬州炒饭即是二人一起切磋烹饪所得。之所以名唤“扬州”二字，只是因为二人此时身在扬州，实际上伊秉绶是福建人、家厨是广东人，原来，“扬州炒饭”竟与扬州菜关系不大了。

唐先生如此描述扬州炒饭的做法，炒饭所用的米必须松散而少黏性，“油不要多，饭要炒得透”。除了鸡蛋、葱花之外，以前的扬州炒饭还要加上小河虾和切成细末的金华火腿，炒到松爽不腻，正好入口。现代人因地制宜，将扬州炒饭发展出了种种新花样，几乎是“什锦蛋炒饭”的代名词了，加香肠、虾仁也罢，青豆、胡萝卜丁也罢，香菇、笋丁也罢，统统随君所好、丰俭由人，只要“乒乒乓乓”炒成浓香，停火起锅即可。扑鼻而来的，都是喷香浓郁的幸福味道。

扬州炒饭

材料：

A：

虾仁……30克

鸡丁……30克

水发干贝……20克

海参丁……30克

香菇丁……30克

笋丁……40克

B：

鸡蛋……2个

米饭……250克

葱花……20克

食用油……适量

调料：

盐……1/4茶匙

蚝油……1大匙

绍兴黄酒……1大匙

水……4大匙

白胡椒粉……1/2茶匙

制法：

1. 热一锅，倒入适量食用油，放入所有材料A炒香后，加入蚝油、绍兴黄酒、水及白胡椒粉，以小火炒至汤汁收干后，捞出备用。
2. 锅洗净后加热，倒入适量食用油，将鸡蛋打散后倒入锅中快速炒匀。
3. 加入米饭及葱花，将饭翻炒至饭粒完全散开。
4. 再加入制法1的所有配料及盐，持续翻炒至饭粒干爽即可。

第五章

味蕾的环球之旅

东京塔星空下拂过塞纳河的晚风
西雅图也曾遇见布达佩斯的红砖墙
匆匆而过的，不是时间
是十五岁的番茄汤
三年前的罗勒叶
昨夜，莴苣叶上染着迷迭香
窗外有达达的马蹄声响
分不清归人与过客
曾到过的风景
曾路遇的味道
总在心底，离永远最近的地方

黑椒牛排

作为一个小城市长大的孩子，西餐于我，小时候只存在于外国小说和电影里，那铺着玫瑰花瓣的洁白桌布上，摆满高脚酒杯与银色烛台，往窗外一望，应该是阿尔卑斯的雪峰抑或爱琴海的晚风。可惜这只是美好愿景，我真正的西餐启蒙，是熙熙攘攘快餐店里的一块黑椒牛排，台位紧挨着台位，过道只容侧身，相邻两桌客人的手肘时不时会怼到一起，也许你也一样。

那时候我们已经进入了青春期，情窦初开的男孩想约女生看一场电影，而电影院所在的百货大楼下面，总有这样一家拥挤的牛排店。人多的时候，肩膀挨擦着肩膀，服务生端着滚烫的铁板牛排穿行其间，口中吆喝着“小心烫”，让人不由得战战兢兢。

但这种店的牛排往往口味不会太坏，虽然用的只不过是最廉价的牛排肉，却仍有一种市井独有的风味。烤得“吱吱”作响的牛排表面泛着油光，旁边则躺着西蓝花或土豆泥，有些地方甚至入乡随俗地用大米饭替代了意大利面，最后再来

牛排的种类

牛排是将块状的牛肉以煎或烧烤而成的，其种类非常多，常见的有以下4种。

菲力牛排：用牛里脊上最嫩的肉制成，几乎不含肥膘。

T骨牛排：亦作丁骨，呈T字形，用牛背上的脊骨肉制成。

西冷牛排：用牛外脊上的肉制成，含一定肥油，在肉的外延带一圈呈白色的肉筋，肉质硬而有嚼头。

肉眼牛排：用牛肋上的肉制成，瘦肉和肥肉兼有，煎烤出来的味道比较香。

一碗永恒不变的例汤。热火朝天的店面里，一碗浓稠的黑椒酱浇上这热气腾腾的一切，用似乎总有些钝的餐刀笨拙地切开，那牛肉总是软嫩的，黑胡椒的辛辣极为开胃。

你与对面的那个人，也许正处在暧昧的小情绪当中。在这样的店里说话总要很大声，是不太适合谈恋爱的，却也恰好屏蔽掉了独处的尴尬，可以大声聊天，也可以借着喝一口冻饮的空隙偷瞄他的眉梢。

很多年过去，你也许吃过了顶级的“西冷”和“肉眼”，尝遍了新西兰、罗马和神户，能在米其林餐厅里优雅地对侍者要求生熟度，还对每一款牛排搭配什么年份的红酒烂熟于心，却总也不会忘记16岁的那个周末第一次吃过的黑椒牛排。

“胡”是从古代起中原人对异族的统称，胡人带来的舶来品也被冠上了这种名姓，胡萝卜、胡床和胡笳是如此，胡椒自然也一样。在埃及法老拉美西斯二世木乃伊的鼻孔中，考古学家惊奇地发现了胡椒子，这证明早在公元前1200多年前，人们就已经开始制作和运用这种香料了。

胡椒最大的产地在东南亚，越南和印度如今还是出口大国。这种生长在东方热带雨林中的植物被古人采摘加工，在很长一段时间里成为西方贵族的佐餐佳品。同是胡椒的种子，经过不同的处理方法，便可转化为风味完全不同的成品，

← 已经制成的黑胡椒。

↓胡椒是一种木质攀援藤本植物，主要生长在热带地区，如今，印度尼西亚、印度、马来西亚、斯里兰卡和巴西是胡椒的主要出口国。下图所示为刚采摘下来的胡椒的浆果。

白胡椒、红胡椒、绿胡椒，同黑胡椒一样，都是胡椒的衍生品。但西方调料里历史极为悠久和经典的一味，仍是辛辣而层次丰富的黑胡椒。

你所不知道的是，那些黑色皱缩的小颗粒其实并不仅仅是种子，而是一整颗浆果，这和咖啡豆的制作有些类似却又不尽相同：人们将胡椒藤上未成熟的果实摘下，用水煮熟、清洗，之后再沐浴阳光，神奇的发酵在此时发生——浆果的果皮与果肉慢慢皱缩变硬，变成薄薄的一层黑色皮囊，紧紧包裹住胡椒子，等到完全干燥之后，果实的精华完全被锁在这一小颗里。制成之后的黑胡椒和初生之时完全不同，不仅更适合运输和保存，味道也更为独特突出。

黑胡椒的味道令人着迷，遂成为海上贸易的重要货品，并有着“黑色黄金”的美誉，甚至在某些地方还能被当作货币使用，其英文“pepercom”至今还有“租金”的词义，它的风靡程度可见一斑。18世纪时，英国历史学家爱德华·吉本所著的《罗马帝国衰亡史》中也曾写道那些穷奢极欲的罗马贵族多么挚爱黑胡椒，因为在“大多数奢华的罗马烹饪术里它都特别常见”。

在中国的魏晋时期，也已经有了胡椒的记载，但它的大量传入还是在万国来朝的大唐时代。唐代的小说集《酉阳杂俎》里就称其产自“摩伽陀国，呼为昧履支”，在繁华的长安城里，人们会用它来为肉类调味。不知道在歌舞升平的平康里（长安城内的红灯区），是否也有一味流行美食，即用腌制的牛肉佐以黑胡椒，口感辛辣而醇厚，成为中国人对西方美食的古早尝试。

现如今，黑椒牛排已经成为十分大众的食谱，就连超市也有调制好的黑椒汁出售，只要煎熟牛排往上一浇即可。但每一家好的餐厅都保留着自己秘而不宣的黑椒汁配料，用不同的蔬菜和香料对黑胡椒的滋味极力烘托，成为走遍千山万水也忍不住想要再尝一次的第一口“胡味”。事实上，留在记忆里的并非那块廉价的牛排，而是挥之不去的青葱岁月，还有与之相伴的辛香。

黑椒牛排

材料：

牛肩里脊……2块(300克)
洋葱……1/2个
食用油……适量

蔬菜汁材料：

水……100毫升
大蒜……3瓣
姜……20克
香菜根……2根
胡萝卜……20克
红葱头……5个
红辣椒……1/4个

腌料：

盐……1/2茶匙
白糖……1/4茶匙
黑胡椒粉……1茶匙
酱油……1/2茶匙
鸡蛋液……1大匙
淀粉……2茶匙

调料：

A1酱……1大匙
番茄酱……1.5大匙
蚝油……1茶匙
盐……1/4茶匙
白糖……2大匙
陈醋……1茶匙

制法：

1. 将牛肩里脊洗净，略拍松；洋葱洗净，切丝。
2. 将所有蔬菜汁材料放入榨汁机中榨成汁，再过滤去渣留50毫升。
3. 所有腌料加入蔬菜汁中，并搅拌均匀。
4. 放入牛肩里脊，用筷子不断搅拌至水分被完全吸收。
5. 取平底锅，加入适量食用油，放入牛肩里脊，以小火将两面各煎2分钟取出；随后放入洋葱丝，以小火炒软后加入所有调料炒至滚，再加入煎好的牛肩里脊及50毫升水（分量外），以小火将牛肩里脊两面煎煮2分钟即可。

泰式海鲜酸辣汤

很喜欢泰国，所以一去再去，无论是海岛阳光的明丽，还是市井小镇的恬然，抑或大都市灯红酒绿的喧嚣，总有一款适合你当时的心境。大家总是说，爱上一个人，首先要征服他的胃；同理，喜欢一个地方，最简单的原因，自然是因为它抓住了你的胃——可惜怎么解释都觉得像是吃货的自我辩白。

第一次到泰国的时候，趋近热闹繁华，住在暹罗广场一侧，酒店对面，隔一条马路的距离就是曼谷最大的商场群。一个接一个的shopping-mall首尾相通，应有尽有，逛一整天都无法穷尽，走到腿软还看了一场电影，夜已近三更。不过热带地方都是越夜越美丽，从精致典雅的商场门一出来，门外就是熙熙攘攘的夜市。

此时突降大雨，冲进天桥底下避雨，变幻腾挪的广告牌子下面，摆着一家小小的摊子。一家4口，爸爸掌厨，妈妈管账，姐姐与弟弟打下手上菜，炉子旁边摆着五六张方形木桌，几乎已经坐满。随着热腾腾的香味扑鼻，肚子一瞬间饿了，看着雨没有要停的意思，摸摸淋湿的头发，突然觉得这热带地方的夜晚也颇有些凉，于是便坐下来点了一份“冬荫功”，配一碗喷香的白米饭。

冬荫功盛在小火锅里端上来，咕嘟咕嘟冒着热气，用勺轻轻一拨，发现底下也满满都是料，菌菇、蛤蜊、鱿鱼圈，食材十足。金红色的汤汁中几只硕大的虾露出半截身子，绷得紧紧的、圆鼓鼓的身躯玉体横陈，仿佛宣示着自己的美味，它们个个都有三寸长，肉甜而实，新鲜到弹牙。这么一锅，折合人民币不到30块，怪不得去之前有人对我说：“泰国啊，那是一个拿大虾当葱花放的国度……”汤味极酸极辣，简直有如某种兵器，直扎进你心里去。总有人说，天气热的时候得吃点清淡的，身体才舒服，可是如果你在重庆挥汗如雨地吃过火锅，或者曾在这里辣得嘴唇发烫，就会发现在潮闷的天气里，重口味的东西反而让人食欲大增，甚至可以吃出一点幸福感来。

冬荫功是直接音译，“冬荫”是酸辣的意思，而“功”则是虾。外国人如

东荫功是泰国的招牌菜之一。因泰国地处热带，物产极为丰富，故泰国菜的原料主要以海鲜、水果和蔬菜为主，而且也造成了泰国人民对酸味和辣味的依赖。

你我，觉得“冬荫功”三个字有趣、耐玩味，而在本地人看来这道菜的名头质朴至极：酸辣虾汤而已嘛！就是普普通通、日日常常、无时无刻不伴随在泰国人身边的味道。检点一下几乎底朝天的汤锅，林林总总的香料看得我花了眼，各种叶片、梗茎和果实，如香茅草、青柠檬、幼茄、罗勒、薄荷叶，还有姜片、切成圈的小红椒、香菜和柠檬叶等。

香料是人类伟大的发现，既浓烈又美好，既市井又优雅，贵族与平民，东方与西方，就通过驼队、宴会、菜谱、香水，用这些小小颗粒和粉末神奇地联系到了一起。每次接近那些异香扑鼻的烘干植物，《斯卡布罗集市》的悠扬旋律就徘徊在我的耳边，用温柔到几乎融化的声音吟唱着“香芹、鼠尾草、迷迭香和百里香”。它们原本是多汁丰美的草木，经过玄妙的制作过程，终于化作食物与口舌的一阵缠绵。

湿热的南国盛产香料，泰式风味看似绿肥红瘦，实则口感夺人；明明品类繁多，却能让酸与辣和谐地平衡，奥秘完完全全体现在那些香料里。

在重酸辣的泰国，辣味主要来自当地产的新鲜小米椒；而对产生酸味居功至伟的，则是小小的青柠檬。

曾以为青柠檬就是尚未长成的黄柠檬，谁知这是个大大的误会，原来青柠檬完全是同族的另一品种。与黄柠檬相比，青柠檬的酸味更加尖锐刺激，可闻起来味道却没有黄柠檬那么浓烈。因此，青柠檬更适合入菜，其口感不会破坏食物中其他香料如香茅等产生的香味；而黄柠檬则被欧洲人用来挤汁、做甜点，亦风靡一时。虽然泰国是二者的原产地，但如今嗜酸嗜辣的泰国人却已经不怎么种植黄柠檬了。

后来，在泰国各式各样的馆子喝了无数冬荫功，我还是忘不了这个巨大城市一隅的小摊，那口浓烈如斯的汤，少一分酸，会失于平淡；少一分辣，则少了刺激。再后来路过曼谷，我都会绕道去那里点上一碗冬荫功，回味着喝光，然后饱足地慢慢融入夜色中去。

泰国菜中的香料

如前所述，泰国菜以酸辣为主，其实仔细品尝的话，在酸辣的背后还有丝丝的甜味。泰国菜之所以具有如此丰富的口感，完全依赖于一系列香料的使用，下面就举出几例。

青柠檬

辣椒

罗勒

香菜

香茅草

薄荷叶

泰式海鲜酸辣汤

材料：

圣女果……6颗
虾……6只
鱿鱼……1尾
蛤蜊……6个
罗勒……适量
水……适量

调料：

泰式酸辣酱……6大匙
柠檬汁……2大匙

制法：

1. 将圣女果洗净，对切；虾洗净，头尾分开；鱿鱼去内脏，洗净，切圈；蛤蜊泡水吐沙，洗净备用。
2. 取一锅，放入虾头及水。
3. 以中火煮至沸腾约5分钟，捞出虾头，放入泰式酸辣酱拌匀。
4. 放入所有海鲜料和圣女果，待再次沸腾约3分钟，加入柠檬汁及罗勒即可。

韩式泡菜炒饭

酸作为五味之一，千百年来一直滋养着人们的味觉。中医认为酸利肝脏，有收敛之功效，其实“望梅止渴”的故事早就告诉过我们，酸能生津止渴，单单吞入口中那一瞬间的舒爽感觉，已经让人欲罢不能。

商代贵族煮食“大羹”，也就是肉汤的时候，会用一碟“盐梅”来解腻。“盐梅”是用盐腌渍过的梅子。此后经年，也不知是什么时候，人们渐渐发现用盐可以将原本没有酸味的菜蔬制出酸味，且能久放不坏，这大概就是泡菜的滥觞。泡菜显然并非韩国人的发明，早在《诗经》的时代，我国古人就已经开始歌咏：“中田有庐，疆场有瓜。是剥是菹，献之皇祖。”即言将新鲜的菜蔬腌制成泡菜，也就是“菹”，作为祭品供奉给先祖。如今放眼全国，似乎并没有哪儿的饮食缺乏这一味“酸”，四川泡菜深入人心；湘贵两省也不遑多让；云南菜以酸辣闻名；如果在广西南宁街上溜一圈，你会发现当地人用玻璃罐子泡着各种各样的“酸”，黄瓜酸成一整条，吃得汁水淋漓不亦快哉。

可是，因为韩剧里泡菜出现的频率实在太高，人们甚至称韩国为“泡菜国”，虽带着几分戏谑和不理解，实则说明，在从前漫长的岁月里，朝鲜半岛土地并不丰饶，气候又极其寒冷，漫长的冬季没有新鲜蔬菜的供给，才发扬了泡菜这种吃法。对于广袤的北方大地而言，温室大棚出现之前，耐寒经冬的大白菜是造物主的恩赐，就像曾经的欧洲海员吃上了泡卷心菜，才能远离坏血病征战大洋，而大白菜则能为东方苦寒地带的人们源源不断地提供日常所需的维生素。

韩式泡菜着实是与众不同的，和中国四川等地的泡菜只是简单地将菜蔬泡入坛子相比，工艺更为复杂，他们也颇引以为傲，甚至还不遗余力地要将泡菜申请成为非物质文化遗产。将蔬菜洗净晾干，用盐与捻细的辣椒粉层层腌码，揉匀令其柔软，再放入坛子或大缸，在腌制之前最好将坛子用高度白酒均匀灌过，以除菌增香。腌料不单单是开水，还要放入海鲜与牛肉高汤，将苹果与梨剁碎成茸投入其中，添一些鱼露令滋味更加鲜美。

如今韩式餐馆遍布大街小巷，有动辄上千元的高端韩餐，也有平民化的烤肉馆子，石锅拌饭、冷面与泡菜炒饭更是成为流行快餐的一种。曾去过一家门脸小小的“金雀花”餐厅，与众不同的是，据说那家店货真价实来自于朝鲜，而非韩国。门口的迎宾姑娘穿着金色搭配大红翠绿的传统服装，开口照样是一句“阿尼哦塞哟”，虽听不出与韩剧女主角的口音有什么不同，但长相上似乎是有些微差别的，她们全都是小小巴掌大的圆脸，眉目弯弯，清秀可人，全不似韩国女明星的高鼻深目——虽然大多是整出来的。这家店最有名的是朝鲜冷面，可是泡菜炒饭的滋味也极佳。

将腌熟的大白菜切碎，加入鸡蛋爆炒，一碗炒饭便金黄喷香。菜本身是白皙的，但表面浮现着红艳艳的腌料，菜叶薄而韧，菜梗厚而脆，酸味渗入其中。当地人觉得泡菜有“阿妈妮”的味道也非虚妄，因为许多美味的泡菜，都是经过一代一代主妇的传承，老腌料常用常新、历久弥香。金雀花的上菜姑娘就操着不太熟练的汉语，告诉我她们的泡菜全都是用很多年的一口大缸腌制而成。

以酸味入主食当然不是韩国人的原创，小时候外婆就常用酸豆角加肉末，再撮一把红辣椒炒饭，能在大冬天里吃得人额顶流汗。黄河流域的河曲一带，人

韩国泡菜

韩国泡菜是朝鲜半岛上一种以蔬菜为主要原料，辅以各种水果、海鲜、肉料和鱼露的发酵食品，具有易消化、爽胃口、营养丰富的特点。

韩国泡菜的种类很多，除了白菜以外，萝卜、韭菜、香葱、黄瓜等各种带叶青菜都可以作为泡菜的原料。统计起来，泡菜的种类可达100多种。

旧时朝鲜半岛人家使用的泡菜坛子，粗陶制成的，主要是人口比较多的家庭使用。现在家庭一般都使用玻璃器皿了。

们将糜子放在坛子里浸酸，做粥、做饭，是贫瘠年代的救命粮，至今还有信天游的调子在唱“山药酸粥辣椒椒菜，你是哥哥的心中爱”。曾经去西安，晚上在街头饿极，闯进回民街，却发现满大街的面食无法慰藉我这南方人的胃。蓦然回首处，发现一家店名叫“酸菜炒米”，心想无论怎样，好歹不是面了，食物到眼前时，惊喜地发现竟是一盘喷香的炒饭。米饭粒粒如珠，似乎是煮的时候没有完全熟，待下锅炒后才完全熟透，因此极有嚼头；配料只有一味酸菜，味道却鲜香酸辣，带着股黄土高原爽朗莽直的粗豪气。

想到酸菜，我便也同曹丞相手下的兵卒一样口舌生津、胃口大开，总有一天得亲赴明洞，尝一口正宗的泡菜，配几片喷香的五花肉，单只想想，也觉得美极了。

韩式泡菜炒饭

材料：

米饭……220克
牛肉……100克
葱花……20克
鸡蛋……1个
韩式泡菜……160克

调料：

酱油……1大匙
白胡椒粉……1/6茶匙

制法：

1. 将牛肉洗净，切小片；泡菜切碎；鸡蛋打散备用。
2. 热一锅，倒入适量食用油，放入牛肉片炒至表面变白、松散后，取出备用。
3. 锅洗净后加热，倒入适量食用油，放入鸡蛋液快速搅散至略凝固。
4. 转中火，加入米饭、牛肉片、泡菜及葱花，翻炒至饭粒完全散开。
5. 再加入酱油和白胡椒粉，持续以中火翻炒至饭粒松香均匀即可。

日式炒乌冬面

有段时间，我一直在反反复复地看一部名为《深夜食堂》的日剧。剧情很简单，背景是在一家深夜还亮着温暖灯光的小饭馆，菜单上面只有猪排套餐和啤酒，但老板可以根据客人的要求并利用现有的食材做出各种料理，由此串联出一个又一个温情脉脉的市井故事。

有趣的是，那些深夜里悄悄到访的食客们，不管心里怀着怎样或悲或喜的故事，真正想借以温热胸怀的也都是那些最日常不过、最普通不过的料理，或一碗热腾腾的黄油拌饭，或一盘锅烧乌冬面，温馨又质朴，妥帖得能让人暂时忘记所有感伤。

我对日本饮食的观感也是如此，怀石料理固然昂贵精致，但一顿吃下来终究是空落落地踩不着实地，仿佛餐了山间清风饮了草尖凝露，美则美矣，却触及不到灵魂。我等俗人只得人云亦云地赞一声好，而后摸着空虚肚皮去叫一碗面再加个蛋，热火朝天地吃将下去，抹一把嘴，这才从身到心诚挚无比地赞一声好。

日本的餐厅，不管菜做得好不好吃，第一印象就是干净，真的很干净，而且整洁，让人一见之下就突然间充满了食欲。上图中所示均为日本街头小店的厨师在制作传统食品。

日本于我而言，最值得称道的便是这些街头巷尾干净清洁的小店，掀开门帘进去，多半能寻找到慰藉肠胃的良方。我不懂日文，但拿着菜单，也能从占着半壁江山的汉字上猜出个大概。有一次，我又连猜带蒙地想从菜单上翻找出一碗真正想吃的面，却忽然发现两个陌生又有些熟悉的汉字——馎饦。

在国内的菜单上，从未见过馎饦一物。我记得这个词还是因为小时候看聊斋，里边有个故事叫《馎饦媪》，说深夜时分，一个女人独自在家睡觉，忽然听见有人走路的脚步声，起身看时，只见一个鸡皮鹤发、满面皱纹的驼背老太婆凑过来阴沉沉地问她："你要吃馎饦吗？"女人不敢应声，那来历不明的老太婆便自顾自地拨火架锅，将汤烧到沸时，扔了数十枚馎饦下去。故事的结局无非是老太婆倏然消失，成就了一段来无影去无踪的鬼怪故事。

作为一个永远心系食物的人，看到这个故事时固然也觉得诡异恐怖，但第一反应却是认真思索起这个让鬼怪念念不忘的"馎饦"究竟是什么玩意。那会儿没有网络，信息不够发达，这个困惑便纠缠了我许多年。直到很多年后，无意中发现北魏贾思勰的《齐民要术》中写道："馎饦，挼如大指许，二寸一断，著水盆中浸。宜以手向盆旁挼使极薄，皆急火逐沸熟煮。非直光白可爱，亦自滑美殊

乌冬面又称乌龙面，是一种以小麦为原料制作的面食，与日本荞麦面、绿茶面并称为日本三大面条。正如正文所说，日本最初是没有小麦的，唐朝时才引进种植。上图所示为日本农村的景色，在日本传统风格的农屋前，是大片绿色的麦田。

常。”唐朝人也吃馎饦，又叫作汤饼、不托，按现代人的视角，有些像北方人吃的“猫耳朵”，制作方法也相差无几，都是用手指去挼面团，一次挼下来大拇指宽、两寸长、极薄的一片，丢水里去煮。

于是，在日本看到馎饦时我心下一喜，顷刻间有种梦回大唐的穿越感，立刻点了。等到老板端上来时却大吃一惊，这不就是炒乌冬面么？跟老板磕磕巴巴地交流了一通，确定菜品没上错，只好怀着满腹疑窦吃了下去——所幸面还是好吃，酱汁浓郁鲜美，又带着日系菜中独特的清新香气。

后来才知，日本原本不产小麦，压根没有面食。盛唐时期，来中国求学的日本僧人从中国带回了小麦种子，同时也带回了各种面食做法。此后也不知是误传了食物名字，还是在漫长的岁月中逐渐演化了模样，猫耳朵面片汤——馎饦变成

了日式家常乌冬面。

乌冬面是用盐水和面，促使面团内快速形成面筋，略略擀薄再叠起来用刀切成面条，类似国内的切面，但由于面团内还掺入了少量米粉，使得乌冬面比切面口感更软，贴近日本人的喜好。起初，因为乌冬面比较粗，难以做熟，所以日本人都用来煮汤吃。以海产品熬出高汤，加白糖、酱油等调料，再撒一把葱花、放一块油豆腐，便成就一碗柔韧动人的乌冬面。

后来，随着技术提高，逐渐发展出了烩、炒、拌等各种花样。比起清淡如阳春面的日式乌冬汤面而言，炒乌冬面更为香气诱人，口感也更为韧滑，让人入口难忘。如此美味的食物制作起来却十分简单，无需天才厨艺，更无需高级食材抑或高档的厨房设备；只需平底锅和筷子，冰箱里剩下的胡萝卜、香菇、笋丝等各色配料，以及一颗爱吃的心，足矣。

日式炒乌冬面

材料：

乌冬面……150克
葱……20克
胡萝卜……10克
鱼板……30克
竹笋……10克
香菇……10克
猪肉丝……30克
柴鱼片……10克
食用油……适量
水……600毫升

调料：

和风酱……2大匙
黑胡椒粉……1小匙
白糖……1/2小匙

制法：

1. 将葱洗净，切段；胡萝卜、竹笋均洗净，切丝；鱼板洗净，切小片；香菇洗净，切片备用。
2. 取一锅，加入适量食用油烧热，放入猪肉丝和制法1的全部材料炒香。
3. 加入乌冬面、水和所有调料焖煮至熟，最后放上柴鱼片即可。

小贴士：

1. 将乌冬面下锅前，可以先把其放入沸水中稍微焯烧一下，再捞出用凉水冲洗沥干。这样会使乌冬面的口感更加劲道爽滑。
2. 材料中的蔬菜品种也可以按照个人口味略作调整，如换成洋葱、卷心菜等。
3. 如果材料中加入了洋葱，那么在切洋葱时一定要戴上眼镜，以免眼睛被洋葱的辛辣味刺激到。
4. 也可以在本品中加入虾丸、章鱼丸和蟹柳等，以使本品的味道层次更加丰富。
5. 食用油最好选用橄榄油，这样更健康美味。

炸蔬菜天妇罗

每一个游戏迷恐怕都玩过许多以日本战国时代为背景的电子游戏，漫画迷自然也不会错过无数以此为背景的动画、漫画。于是，织田信长、德川家康、丰臣秀吉这几位以形形色色的面孔、扮相，时常出现在各种各样的小说、电视剧、游戏、漫画之中。

这三位日本战国英杰中，织田信长死于本能寺之变，丰臣秀吉晚年衰老而死，而被认为在许多方面都不如前两者的德川家康因活得比较长，却成了最后的赢家，统一日本。可他的死因却愈发扑朔迷离，据说，这位战国乱世的终结者、幕府时代的开创者——德川家康先生，乃是吃鲷鱼天妇罗吃死的。人常道温柔乡英雄冢，又常道倾城红颜祸国殃民，可见英雄死于美人之手还算是情理之中，死于美食之手却堪称猎奇了。

当然，这个说法虽然十分常见，但恐怕也是市井流言。毕竟天妇罗并无毒性，只听说人们“拼死吃河豚”，倒不见几口天妇罗也需要豁出命去品尝的。依

德川家康（1543~1616年），日本战国三英杰（另外两位是织田信长和丰臣秀吉）之一，江户幕府的开创者，是日本历史上杰出的政治家和军事家。图中为供奉在东照宫中的德川家康像。

现代日本学者考据，德川家康的真正死因是胃癌，或许再加上高油大火、不易消化的天妇罗激化，才就此一命呜呼。这般看来，一辈子简素隐忍的家康，见了喷香扑鼻的天妇罗，终究忍不住大吃大嚼起来，倒是也验证了这美食的勾人魅力。

“天妇罗”一物，名字听着古怪，其实并非日本原产食物，也不是源自中国，而是从欧洲漂洋过海传去的西方美食。话说16世纪时，葡萄牙传教士抵达日本，带去了基督教、火绳枪、钢琴和葡萄牙式料理法，算起来，这正是德川家康生活的年代。因此，家康晚年无法自持地大啖天妇罗之时，恐怕它还是种刚刚抵达日本不久的新奇食物——德川先生也算是拼死赶了回时髦。

天妇罗一词或许是来自葡萄牙语单词“temporras”，这个词的本义是指耶稣受难日。葡萄牙传教士笃信天主教，在耶稣受难日当天禁食牛肉、猪肉等红肉，只好用鱼肉当作主菜，于是便用奶油面糊裹好鱼肉，以高温大火油炸来吃。后来，日本人便将这种料理音译成了天妇罗。

早在江户时代，天妇罗就逐渐在日本的街头巷尾流行开来，分析其原因，恐怕是因为当时的日本平民阶层很难吃到肉类，而重油的天妇罗能让老百姓体验到油脂带来的充实口感和饱腹感。之后，天妇罗也随着平民的推崇逐渐渗透到了贵族阶层，不同的是，清贫的平民吃天妇罗，要炸得油黄焦脆，再淋上重口味的酱油；贵族饱食终日，就如《红楼梦》里的太太小姐们一般动辄嫌弃——“油腻腻的，谁吃这个！”遂用味啉、萝卜、生姜、柑橘汁等清爽食材来调味，聊以消解天妇罗的重油。

随着时代发展，日本的厨师们也不再拘泥于面糊裹鱼，而是将各种食材用面糊包裹，做出了形形色色、内容丰富的天妇罗。日本人素来重视细节、严谨考究，所以对天妇罗也有一系列复杂的分类方法。据说面糊里面蛋白多的叫“银妇罗”，口味柔腻；蛋黄多的叫“金妇罗”，口感更为香酥。还有人用海苔卷寿司炸成天妇罗，又有梅子干腌天妇罗、馒头天妇罗等，不胜枚举。

其实，世界各地都有油炸食品，KFC的炸鸡块、中国东北的锅包肉，也都是以面糊裹肉，炸之。但日本自有一套正统做天妇罗的法子，一是油要热，最好在160℃以上；二要好“面衣”，需用鸡蛋、冷水、小麦粉揉混出来；第三，自然是要用好食材，新鲜的鱼或当季的蔬菜，才能成就最美味的天妇罗。要再讲究一些，就可以学日本贵族式的吃法，酱汁以日式酱油作底，加味啉、柑橘汁、萝卜泥和生姜泥，用以去油解腻。

在日本游逛，随时随处都能遇见天妇罗。普通的天妇罗有时过于油腻，面糊滞口黏腻，吃起来并不比快餐店的炸鸡高明多少。而真正好吃的天妇罗，外头的面糊爽脆无比，一口咬下去几乎能在唇齿间听见清脆的“咔擦”一声，牙齿直抵内容物，重油只助长了香脆的气氛，毫无黏腻的负担感。让我这么个不太爱吃油炸物的人都流连不已，若是德川家康，恐怕也得难以自控地再大肆吃上一通。毕竟大油大腻也罢，高热量高胆固醇也罢，美食横陈面前，且先心无挂碍地享受起来，才对得起这苦短人生啊。

炸蔬菜天妇罗

材料：

茄子……80克
青甜椒……50克
红甜椒……60克
芹菜嫩叶……20克
天妇罗粉浆……适量
食用油……适量

调料：

鲣鱼酱油……1大匙
高汤……1大匙
萝卜泥……1大匙
味啉……1茶匙

制法：

1. 将茄子洗净，切花；青甜椒、红甜椒均洗净，切圈后去籽；芹菜嫩叶洗净；将所有调料混合调匀成蘸汁，备用。
2. 热锅，倒入食用油，以大火将油烧热至约180℃，将蔬菜均匀地沾裹上天妇罗粉浆后，放入锅内炸约10秒至表皮呈金黄酥脆时，捞起沥油，食用时蘸汁即可。

照烧猪排

翻遍古人谈吃的典籍，关乎猪肉的部分极多，一整头猪零敲碎剐，各有吃法，从天花、鼎鼻、前胆、核桃肉，到蹄髈、大骨、指爪，乃至肝、肚、脑……花样百出，唯独没有“猪排”这个品类，可见是个舶来品。

这么一来，突然想起《官场现形记》第七回里写“宴洋官中丞娴礼节”，开出了一水儿十几样的菜单，其中就有“牛排、加利蛋饭、白浪布丁、猪古辣冰忌廉”，等等。有几样看着十分眼生，轻声一读你便会会心一笑，原来是咖喱饭、朱古力冰激凌而已。惯于钻营的“三荷包”还嘱咐说，番人反正是要吃牛排的，不若同时做些猪排，到时陪客里有些不愿吃牛肉的人，便可以改吃猪肉，可谓贴心至极。晚清年代的上海滩，中国厨子已然学会了这些西式餐点，以至于后来海派炸猪排成了一道令本帮人魂牵梦萦的名菜。

与友人相聚在上海，想尝尝属于上海的古早味，于是去了有70年历史的“新利查西菜馆”，据说这里有许多上海人的童年记忆。新利查并非是一家精致的高档餐厅，且店面略旧了，穿梭来往的服务员也都是有些年纪的上海阿姨，身手麻利之极，点菜、报价、找钱一气呵成，一看就是几十年如一日烂熟于心的功底。我们点了两份招牌菜——罗宋汤配猪排，外加一碗“新利查酱油炒饭”。猪排被敲得疏松，用鸡蛋液蘸裹面包糠用油炸，再将一小碟辣酱油列在一旁，香味辣味不张扬，却圆润婉转，一口咬下，酥脆外壳在齿间沙沙作响，本抱着批判的心情而去，却一瞬间被其征服。两三样东西看起来分量不大，但胜在油重味浓，两个人竟撑了个肚圆，只是肉还在嘴里，就被老阿姨挥手赶了出来，回头看看门口排着的长队，只得服气地默默走开。

做猪排要取大块的猪肉，里脊最佳，腿肉次之，可炸、可烧、可烤、可煎，而近年来日系的照烧法也十分风靡。照烧风味浓油赤酱、口味鲜甜，是地道的日式料理，如今在大街小巷都已经能吃到。“照烧”在日文中的原词有两个字，大概意思就是“亮晶晶的烧物”，是一种十分重要的日式料理方法。物如其名，我们所见的各式照烧都呈现油亮的褐色，在灯光下仿佛泛着金红，犹如琥珀包裹一般晶莹剔透。

做照烧菜需用照烧汁，它以酱油为基础制作，但更为甜腻，如今在超市已经可以买到，不过自己制作方显吃货本色，还能兼顾自家人和朋友们的口味。煮开清水，放入洋葱块、姜片，外加大料、桂皮等香料，小火煮出香味之后捞出，再加入蚝油、酱油、酒和白糖继续煮。其中，酱油最好用味道较淡的日式“味啉”；酒则可以用日本清酒，也可用料酒代替；白糖的比例要大过蚝油等酱料。待再次煮开，再以小火收汁。白糖是使烧物终将“亮晶晶”的秘密，在烹饪照烧食物的时候，要一边用小火煎烹，一边将照烧汁浇上，并均匀地涂抹，这样，丰沛的糖分让食材的表面镀上了光泽，香料的咸鲜同时深入了食物的肌理。

与其他日本料理的突出原味、少事调料相比，照烧类型口味颇重，因而适合搭配米饭。在日本的街头小店，都可以在菜单上面看到各式各样的“丼”，就是“盖浇饭”之意。这么多年来，我每周守候新出的《名侦探柯南》已成了习惯，时光也仿佛在动画里定格，每每看到呼啸来去的少年侦探团，总有种人生如初见之感——认识他们的时候，我们也曾是少年，岁月忽已晚，他们还能在小学课堂

另一种著名的照烧菜式——照烧鳗鱼。

将制作完成之后的照烧猪排配上米饭，就是著名的猪排饭了。当然，不喜欢这种吃法的，也可以如图中所示的这样，将猪排和米饭分开盛放再吃。

里为能吃到一碗“鳗鱼饭”开心一整天，而我们却已囿于早起或加班的围城。元太最爱的鳗鱼饭，就是在白饭之上铺满了照烧鳗鱼，鳗鱼本身松软黏腻、肉质清甜，的确是与照烧风味极为搭配的食材。

如前所说，将猪排按照烧法烹制，便是照烧猪排了。但其口感又与照烧鳗鱼截然不同。猪肉纤维较粗，因此要用松肉锤击打一番，让它变软，个头也比敲之前大了一圈。可以事先用照烧汁腌制猪排，然后用油煎熟，省了不少工夫；也可以慢慢用小火边煎边逐层涂刷酱料，直至两面鲜亮，油光水滑出锅。再搭配几片绿叶蔬菜，切上两颗小番茄，养眼又养胃，实为居家宴客一道良品。

照烧猪排

材料：

猪里脊肉……300克
玉米笋……2根
秋葵……2根
红辣椒……适量
面粉……适量
鸡蛋液……适量
面包粉……适量
食用油……适量

调料：

A：
盐……适量
胡椒粉……适量
B：
料酒……50毫升
酱油……50毫升
白糖……1/4小匙

制法：

1. 将猪里脊肉洗净沥干，切片，以肉槌拍打，再撒上调料A，然后依序蘸上面粉、鸡蛋液和面包粉，备用。
2. 热一锅，倒入适量的食用油烧热至160℃，将猪里脊肉放入炸约4分钟，捞起沥油盛盘。
3. 另起锅，倒入适量食用油烧热，放入调料B煮至浓稠，淋至猪里脊肉上。
4. 将红辣椒、玉米笋和秋葵均洗净，放入沸水中焯烫后，捞起放入盘中即可。

培根圆白菜

中国人热爱五花肉，其肥肉软糯易化，瘦肉久煮不柴，特别适宜红烧，不管是甜口的东坡肉还是咸口的扣肉，一概体酥味浓，令人销魂。除了久炖之外，又可油爆，将五花肉略煮，薄薄切片，下热油爆炒，加郫县豆瓣酱和青蒜，就成了川渝一带的下饭利器——回锅肉。许多人认为回锅肉的精髓在于郫县豆瓣酱，我却更爱其中的青蒜，满蘸肉类油脂的青翠叶片有着极浓烈的独特香气，随时可以再吃一碗饭。同是川菜的盐煎肉与回锅肉相差不大，只是前者生煎肉片，后者要先行煮熟。我偏好盐煎肉，觉得更干香下饭，喜欢较为滋润口感的人则往往更钟情回锅肉。

因毛主席的个人喜好，湘菜里面红了一道毛氏红烧肉，外省的湘菜馆里多半都有这道菜，倒是我这个湖南人也说不上来怎样才是正宗做法，想必只是比一般红烧肉多放几个干红辣椒罢了。湖南人家常吃的是粉蒸肉，那略带颗粒感的米粉浸润着满满的油脂，肉酥软到入口即化，粉香脂浓、肥而不腻，一不小心就能干

培根是西式肉制品三大主要品种（其他两种是火腿和香肠）之一，除带有咸味之外，还具有浓郁的烟熏香味。

掉一大碗。我老家还爱用红曲米粉代替普通的米粉，这样口感更柔润，颜色艳红油亮，分外刺激食欲。

倒不是只有中国人爱五花肉，西方人也照样拜倒在它的独特美感之下，只是他们的手段毕竟不如我吃货大国这般千变万化，做法虽较为单一，倒也不是没有独到之处。昔日大英帝国殖民体系衍生出来的国家，大多都爱将五花肉做成bacon，中文过去翻译成熏肉，香港人则翻译成烟肉，都算是颇为准确的意译，因它的确是用烟熏过的。然而，或许是由于这样的翻译难以与国内本地产的熏肉、腌肉、腊肉等区别开来，难以显示出洋派气质，故近年来大多数商家都将其直接音译为“培根”。这下区别倒是十分明显，但总让人觉得不似食物，仿佛嚼下去一卷哲学家。

培根通常是用多种调料和大量盐腌过的，然后加以烟熏，这般看来其制作过程也与熏制腊肉如出一辙。中国的腊肉是个庞大的品种，将许许多多不同颜色、不同口味的腌腊制品统统纳入其中。在湖南，每到年底家家户户都要腌制腊肉，腊月“杀年猪”后，将鲜肉切分后腌制10日左右，晾晒上半个月，再吊在传统厨房内受灶烟熏陶，月余后就成了烟熏腊肉，可久藏不腐。将腊肉切薄片用青蒜爆炒，又或切厚片码在碗内撒辣椒粉蒸，瘦肉色泽红亮，肥肉油而不腻，醇香扑鼻，回味无穷。

培根大约就是较为鲜嫩版的烟熏腊肉，它没有那种烟熏火燎后的干香，还带着湿淋淋的生气，粉红瘦肉夹着肥白油脂，色泽美艳生动。培根通常是早餐时煎了吃，是最正统的“英式早餐”不可或缺的一部分。英式烹饪长期担任着被全世

英式早餐丰盛而油腻，图中可见香肠、鸡蛋、培根和蘑菇等，那个黑色的东西则是黑布丁。

界人民嘲讽的重任，以各色各样的“黑暗料理”屹立于食物链的底端，据说只有早餐还值得一吃。

一个英国朋友曾经亲自下厨给我们做过一顿full English breakfast（全英式早餐），说这又叫fry-up，吃起来确实不错，但一顿下去整整饱了一天，晚餐也只吃了碗阳春面才觉得缓过气儿来。全英式早餐菜如其名——fry-up，除了煎就是烤，煎完培根，锅里的油已经满得要晃出来，再继续煎香肠、蛋、吐司、蘑菇和番茄，最后还要煎个黑布丁。黑布丁并非布丁，而是由猪腰、猪血、燕麦等物混合而成，有些像东北血肠，也有点像湖南的猪血丸子，足见外国人不吃内脏这一说法多半是谣传。唯一一个素食是用番茄酱炖扁豆，算是最为清淡的一员。据说若是换作北美人，还要往煎培根上浇一勺枫糖浆才算正统。这样一顿早餐，仿佛一口气吃掉了一周的胆固醇量，实在令人胆战心惊。

现代的西方人终于也为胖折腰，不敢再肆无忌惮地狼吞虎咽各种高热量食品。但培根又实在动人，腌得好的培根，用小火慢慢煎出来，真正肥而不腻、瘦而不柴，吃起来略有嚼头，鲜美可口。这般美食热量再高也无法让人全盘放弃，只得退而求其次，有人将其煎脆、捣碎，当作配料撒在别的食物之上，甚至还出现了“素食碎培根”这种自欺欺人的产物。

当然也有更多“培根原教旨主义者”，不能放弃整片培根的美味动人，却又实在畏惧高热量和油脂，便用它来炒一盘翠绿爽脆的圆白菜。对于他们来说，荤素搭配的小清新加重口味，才是饮食的长久之道吧。

培根圆白菜

材料：

培根……………………………2片
圆白菜…………………………200克
大蒜……………………………2瓣
胡萝卜片………………………3片
红辣椒…………………………1/2个

调料：

盐………………………………1/4茶匙
香菇精…………………………适量
料酒……………………………1茶匙

制法：

1. 将圆白菜洗净，剥成大块，泡水备用。
2. 将培根切粗丝；大蒜、红辣椒均洗净，切片；胡萝卜片切丝，备用。
3. 取炒锅，先将培根丝、蒜片以中火爆香，再将泡好水的圆白菜（水分不要滤太干）直接放入锅中，再加入胡萝卜丝、红辣椒片，盖上锅盖焖约1分钟，最后加入所有调料炒匀，盖上盖焖一下即可。

焗烤奶油龙虾

因为并非产地，故中国不太有吃大龙虾的传统，而现在不论中外，龙虾都是一道十分名贵的宴客菜，其质地优良、口感层次丰富，比三文鱼更鲜，比象拔蚌更嫩，实为良物。美国前总统小布什就曾邀请普京全家非正式聚会，两家人逛庄园、乘游艇，倒如我们度周末一般。媒体还极力渲染了这次家庭晚宴的菜单，其中的主菜就是一道波士顿龙虾，因而这次会晤被称为“龙虾峰会”。

现如今龙虾价贵，可在19世纪之前，它还是无人问津的古怪食物，曾经缅因州的海滩上，如有风暴则龙虾堆积如山，直到腐烂发臭都没人去吃它，最终沦为肥料。美国甚至曾经有法律规定，不允许一周给囚徒吃两次以上的龙虾，认为这种行为不人道。放到今天，这情形就如那张老照片称“旧时的上海穷人饥寒交迫，靠大闸蟹度日”一般，不知道引得多少人跌足扼腕。

波士顿龙虾名声在外，到了美国东北部不能不尝。最地道的美式做法是清蒸龙虾，就是将整个大龙虾彻底蒸熟，蘸着黄油吃，据说这样能吃出龙虾原本的

龙虾的原产地在中、南美洲和墨西哥东北部地区。左上图显示的是一名缅因州的捕虾工正在抛下捕虾笼，右上图显示的是一名捕虾工拿着刚从海里捕到的龙虾。

鲜甜味，不过听起来似乎令人提不起兴趣。据说，欧洲龙虾本味鲜甜，如果用海水煮熟，再放几颗蒜头，味道也相当不错。龙虾产量巨大的缅因州每年都会举办长达5日的龙虾节，在这里可以吃到很多种类的做法，如墨西哥风味的龙虾玉米卷、酸辣味的路易斯安那水煮龙虾、清新可人的凯撒龙虾沙律……主办方还会鼓励大家进行烹饪比拼，从中选出最优的菜品。

西方人的吃法不错，但吃得多了，总觉得满足不了你我的东方胃，著名的老饕蔡澜就把龙虾列为死前必须吃的50种食物之一，他曾说“吃过了本港的龙虾，就不用去吃什么美龙、澳龙了”。因为大家都是当正餐吃，所以蔡澜说“龙虾只有当早餐吃时，才能显出气派”。他提出一种极具风味的“早餐龙虾”食法，令人看完食指大动，有条件的人大可以一试。

清晨在菜市场买本地龙虾，不要太大，1千克左右，头对半分开，撒点盐烧烤，虾膏金黄、香味扑鼻。虾身打开切成薄片，放在冰上做刺身，取其鲜活甘甜、丰腴合口。虾螯自然不可浪费，还有壳边肉，全都剔出来汆汤，点几块嫩豆腐，剥几片鲜芥菜，青白粉红，或者剔来煮粥更妙。

蔡澜是香港人，这虾粥一味就是地道的港式风味了。香港被誉为东方美食之

西贡位于香港新界东部的西贡半岛，街边是一家接一家的傍海餐馆，均以烹饪海鲜而闻名。图中所示的是傍晚的西贡港口景色。

都，人们热衷海鲜，也会吃海鲜，中西交汇的文化催生了无数美食，因而听闻有人邀约，就立刻想到宰他一顿“龙虾宴”。其实多去几次香港你便知道，米其林餐厅的高档龙虾自是美味，但真正要吃那些个“龙精虎猛”的虾，必然要去西贡海边。

选一个天高云淡风自闲的午后，从彩虹站乘A1小巴去到西贡，慢慢散步到海边，一路绿叶藏花，看见五色长尾的船泊在海面，天空与海面澄澈之极，仿佛吹过的海风都是蓝色的。傍晚时分，码头上就会逐渐聚拢一群人，凑过去看，原来是出海的人回来了。几条船横在水上，离岸有两三米的高度，船上一箱一笼摊开的是分门别类好的海产，小颗的贝类放在当前，后面依次排出花螺、圆贝、生蚝、新鲜鲍鱼，再就是虾蛄、带子、花蟹、象拔蚌……选中你想要的，报出斤数，船上的人就熟练地捡出装好，称斤两，用竹竿送上岸来，接过海鲜，把钱放进竹竿头的网子里即可。

龙虾大多在店堂的水缸里养着，澳龙、波士顿龙虾，价格不一。香港人更推崇本地及东南亚附近生长的“花龙”，壳略带蓝绿色，胸腹背都长着花纹，个头极大，用本地秤称，小的有2.5千克左右，大的更达4千克之巨。

请客的友人是行家，他说龙虾小的肉少，大的肉柴，于是便挑了两只3千克左右的，一只上汤，一只焗烤。喝了几杯功夫茶，龙虾已经气势汹汹地上了桌，上汤龙虾用一脸盆大小的海碗盛得满满，龙虾斩成寸许见方的大块，煨至高汤已干，雪白浓稠地挂在肉与壳之间；焗烤龙虾则是将它一刀剖开，大头昂然耸立，炒过的奶油蘑菇片摊在肉上，再加芝士烤熟，离开烤箱许久，仍然在“滋滋”作响，芝士表面已经有一层微黄，下面半流质的部分，还在柔软地耸动着身体，尤为动人。

那一顿就着海风与微黄灯光吃得吮指留香，害得我每隔一段时间就魂牵梦绕，吃来吃去，原来占据了天时地利人和的美餐才是最好。

焗烤奶油龙虾

材料：

龙虾……2只

大蒜……2瓣

葱……2根

奶酪丝……35克

调料：

奶油……1大匙

盐……适量

白胡椒粉……适量

制法：

1. 先将龙虾纵向剖开成两等份，洗净备用。
2. 将大蒜、葱均洗净，切成碎末状。
3. 将蒜碎和葱碎放在龙虾的肉上，再倒上混合拌匀的调料，撒上奶酪丝，排放入烤盘中。
4. 将烤盘放入上下火各200℃的烤箱中烤约10分钟，取出装盘即可。

第六章

舌尖上的“小确幸”

落日辛辣，烛光点亮清甜
烟花搭配天妇罗
萤火掠过九层塔
独坐，在月亮边执壶
斟一杯悠然流逝的时光
对影成三
举杯邀请星辰，是诗人
也像是坐拥草原与金帐的国王
带着细碎而明媚的幸福
微微一笑
便似拥有整个世界的光亮

杏仁豆腐

我是个地地道道的南方人，往祖上再倒个几辈，恐怕也翻不出什么北方血统。若是按族谱来算，更是从五代十国时就举家搬到了南京，再往后便从未迁居过长江以北。

南方不大产杏。想想“杏花烟雨江南”一类的诗句，仿佛这千娇百媚的植物天然便与江南存在某种关联，但我在南方街头巷尾的水果摊上却从未见过杏这一味。某年初夏，途经河南，在街头遇见三轮车上堆着山一般满坑满谷的黄色果实，模样似黄桃熟李又像青梅，我犹豫了片刻，才问摊贩大妈此为何物。大妈当即露出“现在的年轻人啊真是四体不勤、五谷不分”的鄙夷神情，冷冷扔出一个字：“杏！”直至当时，我才惊诧地发现，这样从小到大从书本上看熟了的植物，此前竟是从未目睹真容，简直有些不可思议。

杏干、杏脯、杏仁倒是吃过不少。说来惭愧，我也是吃了很多年后，才得知超市里常见的“美国大杏仁”竟跟杏仁没什么关系，实际上是扁桃仁儿。如此

据考证，杏树原产于中国新疆，是中国最古老的栽培果树之一。杏仁是杏的种子，分为苦杏仁和甜杏仁，或者说是北杏仁和南杏仁。传统中医认为，苦杏仁味苦、性微温、有小毒，具有止咳平喘、润肠通便的功效；甜杏仁则味甘、性平，可润肺止咳。

看来，水果摊大妈甩给我的“五谷不分”鄙夷眼神倒也没有冤枉。一向不大爱吃“美国大杏仁”，总觉得粗鲁莽撞，每口下去都像塞了满嘴油，倒是比较喜欢粤式煲汤里的南北杏，清润中带着极轻微的苦，十分爽口润肺——那倒是真正的杏仁了。

杏是中国原产的果树，甜蜜柔软的果肉自然不必多说，深藏在核里的仁儿竟然也被挖掘出了多种吃法。唐代医书《本草拾遗》中就曾说过：“杏酪浓煎如膏，服之润五脏，去痰嗽。”

杏酪一路传承下来，到了宋朝，成了一代吃货苏东坡的心头之好。说苏轼是一代吃货绝不是冤枉了他，事实上，后世常用以形容好吃爱吃懂吃之徒的“老饕”一词，就源于东坡先生所著的《老饕赋》。苏轼在赋中列举了种种绝美食物，说要“盖聚物之夭美，以养吾之老饕”，那些“夭美”之物就包括了“尝项上之一脔，嚼霜前之两螯。烂樱珠之煎蜜，滃杏酪之蒸羔”。项上一脔，是指猪脖子上一小块最为鲜美肥嫩的肉，古时候乃是皇帝专享，“禁脔”一词，就是从此而来。霜前两螯自不必多说，秋季吃蟹，自古以来便是许多食客一年中绝不能错过的盛宴。樱珠之煎蜜，也就是樱桃煎，乃是宋代流行的美食，说是“煎”，却与油煎并无干系。宋人林洪的《山家清供》里记载，樱桃煎是将樱桃煮烂去核，放到有花纹的模子里捣实，压为薄如花钿艳红色的小饼，再以蜜淋于其上。苏东坡素来爱吃甜食，这道清新又甜蜜的樱桃煎得他欢心自然毫不意外。最后那道“滃杏酪之蒸羔”看起来颇为陌生，但苏轼却对它念念不忘。有一次与客人谈论最爱的美食，他也曾高谈阔论道：“烂蒸同州羊羔，灌以杏酪，食之以匕不以筷。”汪曾祺先生曾经写苏轼“爱吃猪头，也不过是煮得稀烂，最后浇一勺杏酪——杏酪想必是酸里咕叽的，可以解腻”。汪先生恐怕是记差了，苏轼爱吃的是蒸得稀烂的羊羔，并浇灌以杏酪。而杏酪应该也不是酸的，因并非杏子果肉所制。清代袁枚就写过，杏酪是捶杏仁作浆，去渣，拌米粉，加糖熬成。这般看来，分明就是如今的杏仁茶嘛。

作为一个现代人，我实在不太能想象杏仁茶蒸羊羔是什么样的搭配，第一时间联想到的倒是《红楼梦》里老太太吃的那份牛乳蒸羊羔，恐怕都是软烂粘熟中带着甜，确实符合老饕苏先生的口味——毕竟他是连豆腐面筋都能蘸蜜吃的真正“甜党”啊。

梁实秋先生讲：“杏仁茶是北平的好，因为杏仁出在北方。”我生平第一次喝到杏仁茶，确实是在北京，用米、苦杏仁加糖熬成浓稠绵密的一碗，清早热乎乎地喝将下去，十分开胃。那天正是盛夏，早上喝碗热杏仁茶倒也罢了，中午在北京户外只觉晒得焦渴难耐、浑身冒烟，这时才去吃了一碗杏仁豆腐。那碗中之物洁白细滑真如豆腐，口感也嫩滑得不遑多让，轻啜一小口，桂花糖水的甜蜜和着杏仁的独特香味马上溢满整个口腔，冷香绕舌，柔嫩甘滑无比。

古人常说饮茶能使人“两腋习习清风生”，我素来庸俗，不善品茶，更不通茶道，生平唯一一次在盛夏之中体察到腋下生风，也就是在大太阳底下饮完那一碗沁人心脾的杏仁豆腐了。

杏仁豆腐

材料：

杏仁露……………………………2大匙
鱼胶粉……………………………2大匙
炼乳………………………………3大匙
什锦水果 ………………………3大匙
糖水………………………………300毫升
水 …………………………………500毫升

制法：

1. 取一锅，加入500毫升水煮沸，再加入炼乳煮至均匀，接着加入鱼胶粉、杏仁露拌匀至溶化。
2. 将杏仁露倒入容器内，静置待凉，放入冰箱冷藏至凝固后取出，即为杏仁豆腐。
3. 将杏仁豆腐切成小方丁，加入糖水和什锦水果混合即可。

奶黄包

小时候常吃食堂，窗口两列，一面写着“包子”，分菜包、肉包、糖包等；一面写着“馒头”，有白面馒头、花卷和银丝卷之流，因此一直抱定了极为泾渭分明的想法，即面皮包住内容物的才叫包子。长大后去到江南，常听人说哪里哪里的“馒头”好吃：“恁个馅儿鲜得哩！”极为不解，缘何馒头还有馅？后来才知，当地管包子、馒头一律称“馒头”，只是带肉馅的叫作“肉馒头”，而不带馅的则称为“白馒头”。

略一思索，觉得这大约是古风。幼读水浒，武松杀了人押解路上经过十字坡，进到了孙二娘开的黑店，那“女汉子”站在门外招徕客人，说道：“客官，歇脚了去。本家有好酒、好肉。要点心时，好大馒头！”后来武松吃着不对，问孙二娘这馒头里是牛肉还是人肉，又引出一连串的事情来——可见，当年的包子也是叫做馒头的。再看《红楼梦》里，妙玉孤高自许，尝道“纵有千年铁门槛，终需一个土馒头”，这里的馒头恐怕也是包子之意，叹出些富贵繁华终虚妄之感。

再一查，果然，古代最早是没有“包子”这个词的，难怪慕唐的日本人也管包子叫馒头。但是，以面皮发酵包馅蒸食这种形式，却在更早的时候就已经诞生了。陆游在《蔬园杂咏·巢》这首诗中写道：“昏昏雾雨暗衡茅，儿女随宜治酒肴，便觉此身如在蜀，一盘笼饼是豌巢。”雨天里的一盘“笼饼”让人仿佛回到了过去在四川的时光，他自己在注释中说，“蜀中杂彘肉作巢的馒头，佳甚，唐人止谓馒头为笼饼”，这里的“巢”就是馅的意思。

“包子”这个名词诞生于宋代，王栐撰的《燕翼诒谋录》里，已有“仁宗诞日赐群臣包子”这样的记录，并注明此为馒头别名，表示的是馒头之有馅者，“北人谓之包子”。宋代人陶毂在《清异录》里写到五代时开封阊阖门外大道旁有一家店铺，“伏日则卖绿荷包子”，可惜语焉不详，只能粗略猜测大概是一种素菜包子吧。

北宋时代汴梁为京都，更是一派繁华景象，国破之后孟元老写《东京梦华录》回忆旧时，细数“御街”一带的知名店铺，说沿着街东一路走过“张家酒店”，之后便是被誉为东京第一的“王楼山洞梅花包子”，其他诸如“曹婆婆肉饼”“李四分茶”等不可胜计。只看名头，大概也能想象得到这“梅花包子”定是色、香、味俱全的，古人饮食之精、巧思之深，常常是今人难以从文字间想象的。吃包子的传统千年以降，开封至今仍以包子出名，本地人引以为傲的“灌汤小笼”也算独步当今“包”林，一只包子数十道褶，汁水丰盈、形态优美，有“放下似菊花，提起如灯笼”之誉。

可惜战火烽起，昔日盛况变成一抔灰土，于是，在南宋人写就的《都城纪胜》里我们见到了北风南渐的踪影。在这本书里，作为“南都”的临安已经有了专门的“包子酒店”，卖鹅鸭肉馅包子。可见，一段饮食变迁中明显可以看出历史的沿革。

餐饮之中，包子之类的点心是最能体现地域特色的，且南北差异极大。周作人就曾在《南北的点心》里说，北方的点心是“常食”，即用来填饱肚子的，大多不求精细，唯求吃饱；可是南方则把这些东西当作“闲食”来吃，做得小巧精致，不求饱腹，更求玩赏零吃。

北方包子的翘楚——开封灌汤包。

南方包子的经典——广东叉烧包。

南国点心之集大成者，莫过于南方人的“茶点”，如今淮扬一代仍有早茶习俗，但已不如广东繁盛，若想了解本地市井之风，最好是去茶楼喝一道早茶。挤挤挨挨的老式茶楼里，热气腾腾的蒸笼摞起一人多高，各式各样的小点琳琅满目，老茶客端着报纸闲聊，一壶功夫茶泡了又泡，闲闲的时光就这么如流水一般淌过，应该是最能体现粤地民俗的画卷。

广式包子多偏甜，其中大名鼎鼎的奶黄包是早茶必备小点之一，其面皮雪白绵软，疏松如蛋糕；内馅一团金黄，用奶油、牛奶、蛋黄等调制，调配方法大概算是每家店铺的不传之秘。曾在一家看似极普通的茶楼饮茶，那里的奶黄包不放在蒸笼里，而是用白瓷碟子端上，表面不知是否用烤炉微微炙得焦黄，吃起来外壳松脆，中夹柔软白面层，内里的馅料呈半流质，散发着沁人心脾的栗子香气，堪称绝味。

普普通通的一只包子，实则内里乾坤大，一张面皮可囊括千般美味，也算得上中华美食博大精深的绝佳注脚。

奶黄包

面皮材料：

A：

中筋面粉……300克

蛋黄粉……20克

速溶酵母……3克

泡打粉……3克

白糖……15克

B：

水……130毫升

猪油……15克

内馅材料：

A：

奶油……50克

B：

鸡蛋液……适量

澄粉……50克

蛋黄粉……1匙

牛奶……130克

白糖……180克

制法：

1. 将面皮材料A倒入搅拌机内拌匀，再慢慢加水以低速搅拌均匀后，改成中速打成光滑的面团，最后加入猪油拌匀，发酵约15分钟。
2. 先融化奶油，将内馅材料B拌匀后，加入奶油拌匀，再放入电饭锅内蒸约15分钟取出。
3. 将面团分成每个30克，擀成圆面皮，包入制法2的奶黄馅成包子，发酵15～20分钟。
4. 将奶黄包放入蒸笼中，以小火蒸10～12分钟即可。

小贴士：

1. 面团发酵15分钟是指在25℃的常温环境下，如果是在炎热的季节，面团的发酵速度会更快，所以应提前观察一下其发酵的程度。如果面团整体已经增大到原来体积的2倍，发酵就完成了。
2. 做奶黄馅时，需要快速地朝一个方向搅拌，这样就不会起疙瘩了，搅拌的速度越快，液面悬浮的疙瘩就越少。

糖藕

《诗经》里说“山有扶苏，隰有荷华”，一直觉得这个“有”字用得极好，若是再换个字，便要么造作要么突兀，难以体现扶苏与荷花都是平淡到不能更平淡的天然之物，是见惯了的日常美景。“隰”是洼地的意思，若在鱼米之乡，任何积着雨的洼地没准都能冒出一两支鲜绿荷叶，荷塘更是大大小小无处不有，春天赏叶，夏天看花。深秋的荷塘，则像是一幅风流都被雨打风吹去的水墨画，灰败了的荷叶梗或折或倒，颓势毕现。但是，放干清浅塘水，灰黑色的污泥下却静静地埋着一节节肥硕洁白的莲藕……

鲜嫩的藕可以生吃，这种藕不能等荷花残后再淘，大暑时节花正盛时就要出塘，所以又被称为“花香藕”。花香藕挖上来洗洗干净，白嫩嫩水汪汪，这时才知风月小说里夸娇媚美人“一弯藕臂玉无瑕”此言非虚。老了之后藕外皮呈暗褐色，若是谁拿着这样一截藕夸赞美人，恐怕逃不过一顿嗔骂。花香藕咬一口嘎嘣脆，满口生香，遍体清凉，大嚼过后亦无半点渣滓，韩愈所说的“冷比雪霜甘比

莲藕药食两用，中国人极爱以莲藕入馔，尤其受文人雅士的青睐，有诗赞其曰：“身处污泥未染泥，白茎埋地没人知。生机红绿清澄里，不待风来香满池。”

蜜”想必就是指它了。

略老一点的藕便适合熟吃。湖南人爱吃脆藕，清炒、炝炒皆宜，藕片必须清甜脆嫩、白净清爽，吃起来才遍口生津。最好事先将藕片泡一泡，甚或先略一焯水，才能去掉莲藕中的黏性物质，让藕片白净清爽。有嗜辣如命的，便将藕片与腐竹、海带、毛豆等物，加干红椒、花椒等各色调料卤制，端出来红艳艳的一盘，三两好友边辣得直抽气边喝酒闲聊，正是盛夏夜里湖南街头的常见景象。

湖北人离不开排骨藕汤。在武汉上大学时，食堂里每天都有一大桶排骨藕汤，桶是巨型的金属桶，底下还不断地在加热，桶里咕嘟着被煲成棕红色的藕与排骨，有人来要，大师傅便给打上一大勺。与别的菜不同的是，往常总有人抱怨食堂大师傅一勺下去，青椒肉丝里只有青椒，番茄炒蛋里只见番茄，唯独盛排骨藕汤之时，我只见有人抱怨藕太少了的，却没听见有人求师傅多来两块肉。只因肉汤煲得久了，肉的鲜美仿佛全都弥散在了汤汁之中，藕却因其软烂多孔，将肉味鲜味全体锁在躯壳之内，一口下去粉糯糯的，吃多少块也不腻。

在我认识的湖北人中，排骨藕汤几乎是一种信仰，就像北京人的饺子与涮羊肉，广东人的老火靓汤，不吃上几回，冬天仿佛就不能成其为冬天。古有张季鹰见秋风起思吴中莼菜羹、鲈鱼脍而辞官回乡的美谈；如今，我倒真有一武汉同学见秋风起思湖北藕汤而辞职回家的。回到武汉饱啖了一通滚热浓香的排骨藕汤，他热泪盈眶地跟我讲："北京没有这样的粉藕！"确是如此，我在湖北之外的地方也试过自己煨藕汤，终究没有成功，那藕煨得不够则硬；煨得久了只软烂却不粉糯，形神俱散，令人生气。

江浙人嗜甜，故最喜糖藕。早在宋代就有记载，民间爱吃的甜食有"二色灌香藕""生熟灌藕"等。元代时，无锡人倪瓒就写过一道"熟灌藕"，说是"用绝好真粉入蜜及麝少许灌藕内，从大头灌入，用油纸包扎煮藕熟，切片热啖之"。此做法上与如今的糖藕大同小异，特殊的是"麝少许"，用的恐怕是麝香，取其香气四溢的好处。但我没吃过麝香，不大能想象出是什么味道。到清代时，袁枚所说的"熟藕"就与今天的糖藕几乎一样了，都是将糯米塞入藕孔之中，加糖，煮至软熟。

糖藕宜用花叶残败之后才挖上来的藕，这种藕粗壮、肥硕，颜色不复鲜嫩时漂亮白皙，而是呈现出一种铁锈色。煮藕颇费时间，最好用小火慢煮上七八个小时，才能彻底煮透，但吃起来却香甜软烂、满口余香。现代人整日忙得团团转，多半没有时间去小火慢炖几节藕，便只好退而求其次，便捷也有便捷的吃法。

我在江南一座游人罕至的镇上遇到过这么一位卖糖藕的老人，旁边座着一口奇大无比的铁锅，锅上热气弥漫，里面煮着一段一段粗壮的藕。我要了一段，他一边讲这藕是从昨夜煮到今晨有多么入味，一边噌噌几刀切片，并淋上桂花糖浆。桂花的香气顷刻间融入藕的甜蜜，吃起来真是温柔委婉极了，似是传说中柔媚宛转的江南美人儿，足有将人心化作绕指柔的本事。

糖藕

材料：

粉莲藕……………………1大节
糯米……………………100克
水……………………适量
牙签……………………数支

调料：

白糖……………………2大匙
桂花……………………1茶匙
蜂蜜……………………1大匙

制法：

1. 将糯米泡水2小时，沥干备用。
2. 将莲藕洗净，去皮，切开一端塞入糯米，再以牙签固定。
3. 将莲藕放入锅内，加水至超过莲藕5厘米高，以小火煮15分钟后加入白糖，续煮10分钟至水略收。
4. 锅中续放入桂花、蜂蜜，煮至酱汁浓稠后取出放凉切片，再淋上剩余酱汁即可。

盐酥鸡

禽类入馔，最为普通的大概就是鸡了。鸡肉既可作为宴席之上的大菜，或煲汤养生，或红烧饱腹，或清蒸适口，但如果要作为零嘴解馋，似乎也当仁不让。可以说鸡的全身都是宝，不同部位口感、肉质也有区别，分别适于不同烹饪方法，着实是一味良材。

夜市和小吃店里总有惊喜。如烧烤摊子上总会有香烤翅中，用竹签插上两块，用炭火烤至皮色焦黄，喷香扑鼻；卤味店里则卖香卤翅尖，就那么丁点的肉，虽不够塞牙缝的，但连骨头缝里也滋味鲜明；鸡肫，也就是鸡食袋，肉质较硬耐嚼，就要做得口味浓重了，或香辣，或咸鲜，做卤味合适，小炒下酒亦是隽品；鸡爪子是大众零食，不论肥瘦软硬，都能做得入味好吃，广式茶点里有一客先炸后蒸酥烂甜美的鸡爪，再配上一口铁观音，那可真是绝了。

从前同事举办家宴，中有一道菜名曰“七里香”，名字倒是唯美，见她端上来的时候神色讪讪，就留了一个心眼，偷偷问她母亲此为何物，答曰“鸡屁股”。看起来阿姨对这个菜特别欣赏，殷勤劝食，虽则大惊，但好奇心炽烈如我，仍然尝了一尝。菜是红烧的，配着大颗的整蒜已经酥烂，汁水呈酽酽的酱色，鸡屁股两侧的淋巴腺体已经小心剥离，因此绝无异味，外皮炸得有些酥，咬开便觉口感滑腻、脂香四溢，有着鸡其他部位绝没有的妙香。“七里香”这名字的来由我也不明所以，听传闻是来自南方夜市，是“卤水鸡屁股”的别称。后来，当我每次听见周杰伦在深情演绎同名歌曲时都觉得略古怪。又听说，岭南一带有饭店专门做这道菜，黄焖者味道最美，被称作“凤尾”或“鸡牡丹”。

想想从前煮汤，总是把鸡头、鸡屁股斩下扔掉，未曾想到世间竟有人独爱吃鸡屁股。小时候看香港电影，一女贼的母亲口称“生平最爱鸡屁股”，那时还以为这是编剧特地写来抹黑这个人物，增添滑稽戏份的。不过仔细想想，同是类似部位，猪大肠拥趸甚多，鸡屁股反而显得更小众些了。不过鸡屁股油多，多吃几个便有些齁住了。蔡澜曾回忆旅日生涯，穷留学生眼里肉价奇贵，唯鸡屁股便宜，一排排列在铁盘里。他父亲前去探望的时候，他特地买来数十个打牙祭，学生们也纷纷孝敬，把老人家吃得怕怕，此生再不愿尝它。

人们对鸡的开发也是尽心尽力，很多年前家乡的小城流行过一阵“无骨香鸡柳”，和“珍珠奶茶”一道火爆了中小学生市场。校门口的小卖部也趁风做起了这个生意，将鸡肉切成条，用调料腌一腌，加淀粉揉过，再粘上面包糠之类的蘸料，摊在大铁盘子里。如有人来买，老板就用大铁夹把鸡肉上秤称好，再用丝网兜住入油里炸，很快出锅，随后装进纸袋，涂抹酱料，用小竹签叉着吃。鸡柳滋味极佳，肉嫩得仿佛能出汁，表皮又香酥，甫一出世就大受欢迎。最开始，老板们摆着蛋黄酱、番茄酱作为佐料，后来则入乡随俗，一列排出数种辣椒酱汁供同学们自行添加。

而近几年“爆浆鸡排”火爆全国，用两片薄鸡肉中间夹住芝士，照样还是裹起来炸酥，咬上一口，芝士融化之后拉出香浓的丝。虽说满满的都是热量，可一旦开吃，便是一口一口根本停不下来。

不过，私以为鸡肉最好吃的做法，还是返璞归真的盐酥鸡，不要噱头、不要花哨的做法，只是简单地挂浆油炸，做得好与坏，全靠对火候精微地掌控。鸡肉

盐酥鸡本起源于中国台湾地区，现如今，中国各地均可以看到盐酥鸡的身影。图中为中国台北市著名的士林夜市，也许盐酥鸡就发源于这里。

要选胸肉最嫩的部分，切成块，裹浆之前应该先腌过，用蛋液包住，特别的做法是裹上红薯粉，这种粉末的质地比面包糠更细，炸出来表面的口感更柔和，又因为红薯粉衣较薄，炸制的时间更为缩短，让鸡肉的嫩越发突出起来。曾在北京一条不起眼的胡同里有过一次奇遇，老板娘双手快如闪电般地制作盐酥鸡，而我挤在一群放学的孩童中，良久才抢到一份。一入口才发现自己在家瞎折腾的盐酥鸡块简直得称作“面疙瘩”。

物如其名，盐酥鸡又咸又酥，撒上辣椒粉更添美味，有的摊点还会准备蒜末供“重口味”的食客涂抹。炸鸡配上啤酒，似乎已经成了下雪天的标配，一二知己，坐在落地窗前，看都市水泥森林之中芸芸众生，酒至微醺，食尽其味，几可陶陶然忘忧。

盐酥鸡

材料：

去骨鸡胸肉……………………1块
罗勒叶…………………………适量
红薯粉…………………………100克

调料：

椒盐粉…………………………适量

腌料：

姜母粉…………………………1/4茶匙
蒜香粉…………………………1/2茶匙
五香粉…………………………1/4茶匙
白糖……………………………1大匙
料酒……………………………1大匙
酱油……………………………2大匙
水………………………………2大匙

制法：

1. 将鸡胸肉洗净，去皮，切小块；罗勒叶洗净，沥干；将所有腌料混合调匀成腌汁，腌渍鸡胸肉块1小时。
2. 捞出鸡块沥干，均匀地蘸裹红薯粉后静置30秒，回潮备用。
3. 热油锅，待油温烧热至约180℃时，放入鸡块，以中火炸至表皮金黄酥脆，捞出沥干油，撒上椒盐粉，再将罗勒叶略炸，放在鸡块上即可。

汤圆

元宵佳节自古以来就是极为重要的传统节日，看花灯、吃汤圆这样较为一致的习俗，也让大江南北的百姓基本避免了“小年是农历二十三还是二十四”“冬至该吃饺子、羊肉还是汤圆”一类的口水战，堪称是最团圆、和平、没有争议的节日了。

元宵节历史悠久，但在隋朝之前，并未形成统一的庆祝方式。据说，赏花灯这一传统习俗始于隋炀帝时期，在唐朝才发扬光大。同样是在唐朝，出现了一种叫䭔子的食物。唐人所写的《卢氏杂说》里就记载了一个御厨做这种点心的过程，即用油炸包着豆馅儿的面团，炸成薄脆的大圆球，其“抛台盘上，旋转不定，以太圆故也。其味脆美，不可名状”。想来就是湖北人现在常吃的麻团，我也曾在街头见过现场炮制，用糯米粉加糖、油炸花生碎、芝麻等，放到锅里油炸，技术高超的师傅能将一小团面炸成篮球大小的金黄色大圆球，表皮薄脆清香而又柔软粘连，吃起来芳香酥脆，又颇具观赏性与趣味性。后来在广东也见过类

饨子发展到现在，名称随地域不同而有了很多变化，如很多地区称麻团，海南称珍袋，广西称油堆，广东的名称则更显古意，即煎堆。而且直到现代，煎堆也是广东及港澳地区常见的贺年食品，有“煎堆辘辘，金银满屋”之意。

似的食物，叫做“煎堆”，当时便抚掌大叹果真古汉语的许多词汇都被保存于南方方言中，这煎堆岂不就源自唐朝的饨子么？

到了北宋，饨子成了元宵佳节的节令食品，又叫焦饨、上元油饨。《东京梦华录》里写正月十六赏灯时大街小巷贩卖各种吃食，“唯焦饨以竹架子出伞上，装缀梅红镂金小灯笼子，架子前后亦设灯笼，敲鼓应拍，团团转走。谓之‘打旋罗’，街巷处处有之”。就是说满街摊贩唯有卖焦饨的前前后后都点缀着小灯笼，小贩还边敲鼓边转着架子“打旋罗”。想象一下，那薄脆金黄的焦饨掩映着梅红镂金小灯笼，高低照耀，仿佛人间降落了无数明亮圆月，好一番盛世太平美满景象。

南宋时期，已经出现了与如今的汤圆相差无几的元宵节令食物，周必大的《平国续稿》记云：“元宵煮浮圆子，前辈似未曾赋此。”因前辈未曾赋过，他便又写了首诗："今夕知何夕，团圆事事同。汤官寻旧味，灶婢诧新功。星灿乌云里，珠浮浊水中。岁时编杂咏，附此说家风。""星灿乌云，珠浮浊水"一句当真写实，想必周必大并非"君子远庖厨"的信徒，因只有过举头望明月低头煮汤圆的经历才能写得出这样的诗句吧。"浮圆子"一名，想必是因为水沸之后，汤圆上下沉浮，浑圆可爱。同是南宋人的周密在《武林旧事》一书中写元宵佳节，说："节食所尚，则乳糖圆子，澄沙团子……十般糖之类。"这里所说的

元宵节又称上元节，古已有之，关于其起源亦有多种说法：有人认为起源于西汉文帝时为了纪念平定诸吕之乱而设；还有人认为，元宵节始于上古民众在乡间田野持火把驱赶虫兽，祈祷获得好收成的习俗。最初的元宵节也无统一的庆祝方式，只是在悠久的历史积淀中才最终形成了赏灯、猜灯谜、吃元宵或汤圆等活动。

“乳糖圆子”“澄沙团子”等都是汤圆，即用糯米粉包裹不同馅料，搓成球状，置水中煮沸而食。澄沙就是豆沙，澄沙团子想必就是如今的豆沙汤圆。乳糖，是用白糖、牛奶和酥酪做成，想来与今天的牛奶糖相差不远，却不知道将奶糖做馅儿的汤圆是何等甜蜜滋味。

此后，汤圆基本已经发展稳定，清朝时袁枚写的汤圆制法就与如今没有多少差别，“用水粉和作汤圆，滑腻异常，中用松仁、核桃、猪油、糖作馅”。袁枚素来懂吃，汤圆非得用猪油才好，只有用上罪恶的猪油，才能营造出最软滑香糯的馅儿，轻轻咬开皮子，香气扑鼻，甜糯鲜滑的馅儿流沙一般溢出，闪避不及还会重重一口吻上你的嘴角，烫得让人忍不住瑟缩起来，却仍是停不下嘴。若是有香气逼人的桂花，往汤清色艳的汤圆上撒个几许也堪称点睛之笔，金黄桂花伴着洁白团子载浮载沉，是从南宋漂泊而来的盛世风华。

如今的汤圆多半以芝麻馅儿为主，江南一带却也有冬至时节吃的咸口肉汤圆。袁枚先生也曾记载过，说要以“嫩肉去筋丝捶烂，加葱末、秋油作馅”，吃起来咸香爽口，别有一番风味。北方的朋友若是难以想象，则可在脑海中将饺子馅儿塞入汤圆皮里，即刻成就一碗别具特色的肉汤圆。但直到目前，肉汤圆总体而言仍属“异端”，其接受度远不及甜蜜柔糯的甜馅儿汤圆。

若是口味清淡，倒也可以尝试实心小汤圆。清水加醪糟煮沸，加糖，放小糯米团子，煮到洁白柔腻的圆子统统浮上水面，撒上一把桂花，又或倒入蛋液搅碎，不消5分钟就能成就一碗温暖又甜蜜的酒酿圆子。我小的时候，时常咕嘟咕嘟喝上这么一大碗当作早餐，而后抹一抹嘴就去上学，现在酒量不错，恐怕乃是积年练就的童子功。

汤圆

材料：

A：

糯米粉……………………………200克

白糖………………………………60克

水…………………………………100克

B：

澄粉………………………………75克

开水………………………………55毫升

C：

猪油………………………………60克

制法：

1. 将材料A混合搓匀至白糖完全溶化，备用。
2. 将材料B中的澄粉一边搅拌一边缓缓倒入开水拌匀，加入制法1中揉匀后，加入猪油充分揉匀，然后均匀揉成数个小圆球状。
3. 取锅倒水（材料外）煮至滚沸，放入汤圆轻轻搅拌，待浮出水面即可。

烤羊肉串

夏天是吃宵夜的季节，烤羊肉串则是纵横神州大地经久不衰的经典。吃羊肉串似乎必须在街头，约三五好友，人不可太多，不然太喧杂无以过瘾；也不可独食，如此美味无人分享，未免孤单可怜。

夜里9点之后，白昼的溽暑借着凉风散去，路灯的光是暖黄色，烧烤的摊子便陆续摆在了道旁，一条铁制火缸中燃着红彤彤的炭火，烤羊肉串的人熟练地将缀满肥瘦羊肉的竹签子排在手中，往火上一放，腌过的肉类的香味已经散发出来。很快，羊肉串便要涂油，撒辣椒粉、孜然末等调料，伴随着这个动作，滴入火里的油脂“滋滋”作响，带起一连串明亮的火焰，香料燃烧起来，令炭火的香味呈几何级数上升。作为食客，简直得伸长了脖子吞咽口水，方能熬过羊肉串上桌之前的那一小段时光。

如果你所在的城市滨江或滨湖，那简直更愉快了，带着些许水汽的微风零星扑过来，握住冰冻啤酒的指尖立刻起了几粒鸡皮疙瘩；面前的羊肉串新鲜可人，表面浮着星点的蘸料，“撸”上一串羊肉，瘦肉绵韧，肥肉糯软，两相杂糅，香味冲进鼻腔。吃羊肉串不可不放辣椒，因重口味能中和羊肉独有的腥膻，又将那点滋味化作点石成金的利器，在嘴唇感受到火热之际，灌上一口啤酒，冰凉的泡沫冲刷下来，各种感官刺激应接不暇，让“撸串”几乎成为一种仪式性的活动。

烤肉是一种古老的料理，它应该是远古人类吃到的第一种熟食——当雷电引发的山火熄灭之后，死去的动物散发出与生时全然不同的异香。也正是因为这一味烤肉，将人类文明急速推进了一大步，尔后流行千万年而不湮灭，烤肉兴许就是上古记忆留存在今人骨血之中的证据。自有文明之后，烤肉也极为流行，“脍炙人口”讲的便是将肉切成极细的“脍”，放在火上“炙”烤。汉代已经将这种吃法发展完善，不论是出土的帛书，还是汉代的画像砖，都留存着“烤”“燔”的记录，甚至工序已经和如今类似。神奇的是，现如今南北料理的差异极大，但每一处的羊肉串却是类似的，它们都带着西北风情的爽直豪气，充斥着江湖的洒脱气息，再雅致精细的人，也无法拒绝它的美味。

要吃最棒的羊肉串，还得亲赴关外，到那个传言中“春风不度”的地方。到每年6~7月，年后出生的春羔已初长成，却还没来得及长得太大。它们喝着天山水，啃着青草，从未尝过饲料滋味，甚至因为羔龄小而尤留一丝奶香。烧烤的技能似乎是留在当地人的基因里，羊肉料理里最为名贵的自然是烤全羊，将整只羯羊通身烤熟，外皮不焦不老、金黄油亮，内里汁液四溢、肉质鲜嫩，片片割下的羊肉条蘸上椒盐，直吃得满口烈香，算得上是“今生必食”名单上的一员。

新疆人称羊肉串为“喀瓦甫”，据说最正宗的不能用竹签与铁钎，而要用沙漠中的红柳枝条将肉串烤。这种植物生长在沙漠之中，性格顽强、钢筋铁骨，带着天然的香气，与羊肉滋味交融互撞，形成独特风情。还有一味“玛依波罗克”，也是羊肉串中的极品，它是用羊肚子上网状的白油裹住肉碎、洋葱，团成椭圆串烤，5~6分钟后羊油化开，撒胡椒辣椒面与孜然即食。

南疆的库车有种“米特尔喀瓦甫”，实则是一种巨型羊肉串，用将近1米长的钎子串上大个的肉块，排成队列可谓浩浩壮观，一溜烟地摆进“吐努尔”，也就是特制的囊坑进行烧烤。这样烤肉无需其他工序，肉是事先腌制好的，肉串是两

正在烤炉上烧烤的羊肉串。

块瘦中间一片肥，肥肉受热之后，自身变得透明如玉，“吱吱”地冒出油来，浸入两侧的瘦肉纤维，使肉质变得润泽不燥，烤完后，还有油脂顺着钎子流淌下来。如此过瘾的肉串，一串足有500克肉，食量小的人吃上半串就已经开始打起饱嗝。

自己在家，约三五好友BBQ（烧烤大会），亦是人生一大快事。挑肥嫩羊羔肉，用钎子插起，打两个鸡蛋，取蛋清投入淀粉搅打成糊，将羊肉挂浆后再烤，是一则令其表面不老的秘技。其余盐味多少，辣味多少，孜然、洋葱放与不放，都在乎各自的口味，如此一场自己动手的宴会，只存于知己之间。

烤羊肉串

材料：

火锅羊肉片……………………1盒

调料：

A：

酱油……………………………1/2小匙

料酒……………………………1小匙

盐 ……………………………适量

白糖……………………………1/2小匙

B：

孜然粉…………………………适量

辣椒粉…………………………适量

制法：

1. 将火锅羊肉片加入调料A拌匀，腌制约5分钟，用竹签串起备用。
2. 将腌好的羊肉串放入烤箱中，以180℃烤约5分钟至熟。
3. 将烤熟的羊肉串取出，撒上孜然粉、辣椒粉调味即可。

小贴士：

新鲜的羊肉通常烤到七八分熟即可，全熟的肉质会太硬太干，口感反而不好。尤其是火锅羊肉片十分薄嫩、易熟，千万不要烤太久。

脆皮红薯

许多如今看来司空见惯的食物其实都是外来户，在中国落脚时间并不长，当得知黄瓜、玉米、西瓜、葡萄都是进口物种的时候，我倒是很平静，因仿佛从它们身上还能体察到一星半点非我族类的陌生气息。唯独被两位“外来户”惊掉了下巴，一则是辣椒，二则是红薯。辣椒自不必说，川湘之地嗜辣如命，辣椒几乎渗透进了各色饮食之中，仿佛什么食材都能与辣椒搭配一二，而它立足中国竟也不过三四百年，简直让人心生“在此之前我们究竟在吃什么”的疑虑。红薯则是因为它实在太过于接地气，从黑龙江到海南岛，从乌鲁木齐到秦皇岛，俱有街头小贩卖烤红薯的身影，实在难以将它与外来物种四字挂上钩。

而实际上，红薯抵达中国也不过是四五百年前的事。红薯原产于中南美洲，16世纪初由西班牙殖民者带回欧洲。后来，西班牙水手又把红薯携带至亚洲的菲律宾一带，约在16世纪末传入中国。据《采录闽侯合志》记载，明朝万历年间，福建人陈振龙在菲律宾一带经商，是他将红薯苗及栽种法引入中国。后来，福建遇

一般认为，红薯起源于墨西哥以及从哥伦比亚、厄瓜多尔到秘鲁一带。19世纪德国著名博物学家、自然地理学家亚历山大·洪堡曾援引前人的记载，说哥伦布从美洲回到西班牙谒见西班牙女王时，将由新大陆带回的红薯献给了她。图中是19世纪时欧洲出版的百科全书中的一副红薯插图。

到旱灾闹饥荒，陈振龙之子陈经纶将红薯及其栽种法献给福建巡抚，大有收获，此后才被推广栽种。事实上，直到清代康乾盛世，由于人口飞速增长，粮食产量不足，红薯才真正得到推广普及，成为百姓日常食物，更是灾荒年间的救命之物。

如此看来，红薯的平民气质倒是从它进入中国便已注定。小时候听过一首忆苦思甜的歌，歌词这么写的：“红薯饭那个南瓜汤，古道西风啊看斜阳。解放鞋那个绿军装呦，碧草蓝天青纱帐。”那会儿压根从这首歌里听不出半点苦意来，一味觉得红薯饭、南瓜汤都是香甜得不得了的食物，解放军叔叔过得真幸福。现在想想，长辈们听着我这般无知的童言稚语，必定是万分的无言以对，毕竟饥荒岁月在现代人回首望去，都像是遥不可及的神话传说。

我没有吃过红薯饭，红薯粥倒是真吃过不少。从小爱喝甜粥，若是大米白粥

红薯又称番薯，大抵因为它是“舶来品”之故。红薯因富含淀粉和糖分，故可以在发生灾荒时救民于水火；又因其富含维生素、纤维素、果胶和镁、磷、钙等微量元素，所以在平时也可以当做一种健康食品来吃。

抑或小米粥、八宝粥，必要放大把白糖，甜甜糯糯地喝着才分外舒心。煮红薯粥则全不必放糖，母亲先将红薯削皮，切成小块，与米一同下入锅中，红薯的香甜很快就随着热气融进米粒里。那粥白黄相间、黏稠甜蜜，有种天然甜糯的清香，我能一口气喝上两大碗，热气腾腾中将一张小脸蒸得通红，简直能凭着这点温暖度过整个清冷冬天。

再一种吃法就是烤。每逢冬天，走过许多街口都能闻到那股勾人心魄的甜香。每当此时，一行人中总有几个要忍不住左顾右盼：“卖烤红薯的在哪儿呢？我要去买！”一番张望之下，必能在人头攒动中瞧见那位揣着手站在大黑铁炉子旁的大叔，面前挤挤挨挨搁着满坑满谷黑乎乎的烤红薯。那红薯模样不中看，但味道实在是能香飘十里，将满腹馋虫勾搭得坐立不安，非得掰开一个狠咬上一口才能消停。民国的街道上也有烤红薯，上海叫做烘山芋，连名门贵胄大小姐张爱玲也逃不过它那香甜至极的味道，说是可以“站在街上吃烘山芋当一餐”，又说烘山芋炉子是一种黯淡的土红色，与小饭馆煮南瓜热腾腾的红色一般，让人有种“暖老温贫”的感觉。我的老家在乡下，那里管烤红薯叫“煨红薯”。农村人做饭烧柴用大灶，做好饭后，炉膛里就留下许多草木灰，趁灰明火已熄还余滚烫热气的时候，拿几个红薯往里一扔，再将灰一埋，孩子们自去玩耍，大人也不必管它。半天后想起来，再用火钳去灶膛里扒拉，将埋在草木灰中的烫手红薯翻找出来，左右倒换着手揭开烧硬成炭的那层皮，一股浓郁而温暖的香甜味道就扑鼻而来。这样煨熟的红薯比城里烤的更甜，许是得来不易的缘故。

过年时候不可或缺的零嘴儿是红薯干，家乡的红薯干分为两种，一为倒蒸，一为油炸。倒蒸红薯干工序较为复杂，需将红薯去皮切成条，在水中煮半熟，捞起晒干，放入甑内蒸透，再晒干，再蒸。往往需要三蒸三晒，才能得到最终成品，此时的红薯干晶莹透亮如玛瑙，不硌牙也不黏牙，软硬适中，甜美如蜜，久吃不腻。油炸红薯片则较为简单，只需裹浆油炸，就能得到一盘色泽金黄明亮、爽口香脆的脆皮红薯，那味道绝不会输给超市里售卖的薯片，营养价值方面更是有过之而无不及。

脆皮红薯

材料：

去皮红薯……………………300克
脆浆粉………………………适量
水……………………………适量
食用油………………………1大匙

调料：

胡椒盐………………………适量

制法：

1. 将去皮红薯洗净，切成2厘米厚片，泡水略洗，沥干备用。
2. 在脆浆粉中分次加入水拌匀，再加入食用油搅匀。
3. 将红薯片蘸裹脆浆，放入油温约120℃的油锅中以小火炸3分钟，再转大火炸30秒后，捞出沥油盛盘。
4. 食用时搭配胡椒盐即可。

三杯玉米

如今之中国人恐怕没有不认识玉米的，玉米香甜味美热量高，蒸、烤、炖、煮都很好吃，入菜或做主食均可，但这种美味我们的祖先并未尝过，它原产于美洲，一直到明代才在中国慢慢流传开来。不过玉米生命力顽强、产量高，又能果腹，很快便在农耕的中国占据了一席之地，大有赶超传统五谷之趋势。

美洲是玉米的故乡，正如亚洲是受小麦和稻米的滋养而生出丰富生动的文明一样，带着神秘色彩的古代美洲文明仿佛是从玉米的香甜中孕育而来的。当地的土著人在几千年的时间里，驯化玉米，改造玉米，培育出许多别处没有的奇特品种。也因为同玉米相濡以沫，令当地人对这种食物极为依恋，他们的创世神话就与玉米相关，由玉米演化而生的神祇都有好几位。危地马拉人阿斯图里亚斯还曾写过一部长篇小说《玉米人》，并因此获得了诺贝尔文学奖。墨西哥人更是认为玉米是该国的象征，是墨西哥文化的根基。

直到现在，拉丁美洲人的主食还是玉米，整颗的烧烤、水煮自然不在话下，

目前，玉米在世界各国均有广泛种植，种植面积仅次于小麦和水稻而居第三位。图中显示的是一处巴西的农场正在收获玉米。

在现如今墨西哥的菜式里，最为有名的，一是“Tortilla”，即用面粉糊在平底锅上摊成的薄饼，最为传统的必须用玉米来制作，且还要用当地特有的绿色玉米烤成饼，味道奇香；二是“Tacos”，即顶有名的墨西哥肉卷，用油炸玉米卷包住嫩鸡肉丝、洋葱、辣椒，撒上沙拉酱，味道酥脆鲜辣。据说最顶级的玉米卷是蝗虫馅儿，果然不负当地人“重口味”之名。

墨西哥另有神奇的玉米料理“Tamales”，利用玉米叶做皮，猪肉、鸡肉及干果、青菜做馅儿，包成粽子，吃起来带有玉米清香——原理大概和我们的荷叶蒸排骨、粽子差不多吧。此外，西餐里常有玉米浓汤，将玉米粒打碎与奶油、面粉同煮，味道极为香甜浓厚；甜玉米粒也是做沙拉的好材料，在蔬菜的微苦与酱料的酸香之间陪衬出平衡的口感。

细数下来，总觉得西方人做菜失于机械，美味虽则不少，却缺乏中餐的灵动活泼。想必这也并非是作为中国人的荣誉感作祟，华夏大地上每一个厨子都是一位魔术师，只用铁锅一口，锅铲一支，丁点巧思就能幻化出奇迹，完胜西方人厨房里琳琅满目的工具。

因而，中国人种植玉米的历史虽然短了许多，但餐桌上的以玉米做菜的花样却极多，随便想想都能列出一长摞儿，甜口的有金玉满堂玉米烙；咸口的有松软鲜嫩的小炒松仁玉米；汤品有老少咸宜的玉米冬瓜排骨汤；点心界就更多了，如朴实无华的玉米馍馍、窝窝头，绵柔适口的玉米发糕，等等。总之，做出一桌全玉米宴绝非难事。

长大之后，我有一段时间很是迷恋三杯鸡的味道，三杯鸡应是江西人的首创，如今极为流行。有人说它的诞生与文天祥有关，据说，当年文天祥入狱，有老妇携一只鸡、一壶酒前来探望，在狱卒的帮助下，他们利用简陋条件，将鸡斩块，投入瓦钵，只得三杯米酒烹煮，没想到滋味竟然不坏，于是这位千古忠臣尽兴吃过这最后一餐，以身殉国。狱卒辗转回到江西老家，怀念旧国与英雄，以一

三杯鸡

杯米酒、一杯猪油、一杯酱油改良了做法，终成就了这道美味。不用多想，也知这恐怕是市井传言，不可尽信。不过这道菜味道浓郁、香气扑鼻，的确是一味佳肴，能流传千古、声名远播也绝不奇怪。

那年回到老家过年，外婆照例笑眯眯地问我想吃什么？不假思索的我便报出“三杯鸡”来，外婆先前从未听闻过这道菜。不过“忙者不会，会者不忙”，古人诚不欺我，外婆只是稍微询问了我一番三杯鸡的做法，晚饭时便端出了一味热腾腾、酱香宜人的三杯鸡。不过，为了照顾外公的口味，菜里放了剪碎的干红辣椒，极其劲辣爽口。随后，外婆又端出一大碗玉米，其与平常的水煮玉米截然不同，仔细一看，这竟是用“一杯米酒、一杯猪油、一杯酱油”烧出的“三杯玉米”啊!

后来外婆对我说，做这道菜时无需放水，最终也没有汤汁，要用火的力量将“三杯”熬干，食材熬透，绛红色的汁液浓缩成精华。此菜中，玉米被烧得表面油光发亮，尝上一口，外皮很有嚼头，裹着浓重黏腻的香味，继而吃到玉米的肉质，还是那股熟悉的甜香，有种冲破酱汁包裹的清新之感。与三杯鸡比起来，玉米的滋味似乎更胜一筹，这大概就是料理的魅力所在，简单的做法，只需一点点创意，就能成就非凡。

三杯玉米

材料：

玉米……………………………2根
水 ……………………………1000毫升
大蒜……………………………6瓣
辣椒……………………………1个
葱 ……………………………1/2根
香油……………………………2大匙
姜片……………………………4片
罗勒……………………………15~20克

调料：

蔬菜用三杯酱汁 ………………2大匙

制法：

1. 将玉米洗净，放入1000毫升沸水中，以中火煮25~30分钟后捞起；将大蒜炸至金黄色，备用。
2. 待煮熟的玉米冷却后，切成条状；将辣椒、葱均洗净，切段备用。
3. 另热锅，倒入香油，放入姜片炒香，至姜片成卷曲状，再放入辣椒段、葱段、大蒜和三杯酱汁拌炒均匀。
4. 在锅中加入玉米拌炒，收汁前加入罗勒拌炒即可。